KB271684

엄마의 과학

이연주 지음

우리 아이를 위한 최소한의 지식

북스힐

자녀들이 과학 공부를 언제부터 시작하는 것이 좋은지 많은 엄마들이 궁금해 하십니다. 게다가 과학은 교육 방송을 시청하거나 학원에 가서 배워야 하는 건 아닌지 질문하시곤 합니다. 이런 질문을 받을 때마다 과학은 학교에서 배우는 것만으로도 충분하다고 대답해 드리곤 했는데, 지금 와서 생각해 보니 아이들이 어릴 때 일상생활 속에 숨은 과학을 같이 찾아봤던 경험이 학교 수업을 듣는 것만으로도 과학을 잘하고 좋아하게 되지 않았나 하는 생각이 듭니다.

박사과정과 연구를 하면서 아무런 준비를 하지 못한 채, 학생도 주부도 아닌 어정쩡한 상태에서 두 아이의 엄마가 되었습니다. 반도체에서 전자들이 어떻게 움직이는지를 이론으로 계산하는 일을 하고 있었기 때문에 머리에는 온통 수식으로만 꽉 차 있던 시기라 퇴근 후에 아이들과 함께 공부와 관련지어 뭔가를 하는 것이 아주 싫었습니다. 아이들을 돌봐 주시던 친정어머니는 "너만 공부하지 말고, 애들 공부도 좀 가르쳐 줘라."라며 안타깝게 여기셨습니다.

아이들과 함께 여행을 하고, 맛있는 음식을 먹으면서 수다 떠는 것이 너무 즐거워 어머니의 안타까운 마음을 멀리한 채 아이들을 키웠습니다. 세상일에 궁금한 것이 많은지라 아이들과 함께 궁금해하는 것이 전부였지요. 가끔씩 아이들이 하는 질문에 그 이유를 알려 주기도 했지만 아이 눈높이에 맞춰 대답해 준다는 게 여간 힘든 일이 아니었습니다. 지금 와서 생각해 보니 매번 대답해 주려고 했다면 얼마 못 가 그만두었을 거라 확신합니다.

아이가 아주 어릴 때, 하루는 저에게 "파란색은 빨간색을 좋아하나 봐."라고 이야기한 적이 있었습니다. 무슨 소리인가 했더니 막대자석을 가지고 놀면서 하는 말이었습니다. 그때 아이에게 자석의 힘에 대해 가르쳐 줄 수도 있었겠지만 그 당시에는 그냥 넘어갔습니다. 그런데 한참이 지난 후 책에서 자석이라는 것을 알아낸 아이는 매우 신나서 엄마인 저에게 설명해 주더군요.

어느 날은 "지렁이는 왜 흙을 먹어?"라고 묻는 아이에게 "진짜 신기하네. 왜 그렇지?"라며 같이 궁금해하기만 했습니다. 책을 찾아볼 수도 있었지만, 굳이 그렇게 하지 않았습니다. 나중에 관련된 책을 발견하면 거실에 놓아둘 뿐이었지요. 이렇게 자란 아이들은 학교에서 배우는 것 하나하나를 신기하고 재미있어했습니다. 또 책으로부터 궁금증을 해소하면서 책에 대한 믿음도 생긴 듯합니다.

처음에는 아이와 부담 갖지 않고 시간을 보내기 위해, 질문에 대답해 주기보다는 같이 궁금해하기만 했습니다. 그런데 두 아이가 자라 대학에 진학하고 보니, 답을 바로 가르쳐 주는 것보다 궁금증을 키워 준 것이 아주 효과적이었고, 아빠, 엄마와 함께 세상 잡다한 것에 관해 이야기 나눈 것들이 대입 면접에서도 힘을 발휘한게 아닌가 생각됩니다.

아이가 어릴 때부터 수학, 과학을 접하게 해 주고 싶은 부모님이 많습니다. '과학'이라고 하면 바로 실험이나 보고서가 떠오르고, '수학'이라고 하면 교과서 수학이나 사고력 수학을 생각하게 됩니다. 어린 나이에 학원을 보내자니 아빠, 엄마랑 놀아야 하는 나이인지라 애처롭고, 그냥 놀게 두자니 마음이 불안해집니다.

아이들은 엄마와 놀면서 우리 주변에 얼마나 재미있는 과학과 수학이 숨어 있는지 알 수 있고, 많은 것에 호기심을 갖게 됩니다. 책을 통해 우연히 그 호기심이 풀린다면 이후에는 스스로 책을 찾을 겁니다. 그리고 학교 수업 시간에 그 이유를 배우게 되면 수업 시간이 즐거울 수밖에 없습니다.

하지만 많은 엄마들이 과학과 수학은 어렵기 때문에 집에서 해결할 수 없다고 생각합니다. 결론을 알려 주어야 한다면 그렇죠. 아이들에게 답을 주려 하지 말고, 궁금한 것이 더 많도록 하는 것이 더 중요하고 그것만으로도 충분합니다.

답을 알게 되면 아이들은 더 이상 궁금해하지 않습니다. 과학이 숨어 있는 요소에서 같이 신기해하고 발걸음을 멈추고 기다려주면 됩니다. 그리고 최대한 과장된 반응으로 같이 궁금해하시면 됩니다.

이 방법이 좋은 건 알겠는데 어디에 과학이 숨어 있는지 모르겠다고 하시는 엄마들을 위해 제가 아이들과 경험한 것을 바탕으로, 멈추어 보아야 할 곳들을 정리해 보았습니다. 사실 과학 원리를 아이에게 가르쳐 주지 않는 것이 아이들의 궁금증을 더 키워 줄 수 있습니다. 가끔 한 번씩 아이들에게 아는 척할 수도 있고 엄마도 궁금할 때가 있으면 해결할 수 있도록 각 요소마다 과학 원리를 설명했습니다.

학원에 다니는 아이라 하더라도 내 주변에 신기한 것들이 많다는 사실을 깨닫고 호기심이 생기기 시작하면 아이들은 엄마가 상상하는 것 그 이상의 엄청난 것을 얻을 수 있을 겁니다. 영어를 잘하지 못하는 엄마이지만 아이들과 영어를 듣고, 영화를 보고, 영어책을 읽으면서 '공부 방법'을 알게 되면 아이랑 영어 공부를 할 수 있는 것처럼, 과학을 잘 모르는 엄마도 자신감을 가지고 비슷한 방법으로 해 볼 것을 제안해 드리고 싶습니다.

호기심을 끈으로 해서 이어진 대화를 하다 보니 아이들의 중고등학교 시절에도 사춘기가 무난히 지나가는 데 도움이 되었고, 공부를 하다가도 아빠와 엄마에게 도움을 요청하곤 했습니다. 아이들이 다 자란 지금, 아이들이 집에 와서 다 같이 식사를 하곤 하는데 여전히 끊임없이 이야기가 이어집니다. 당구공을 회전을 주어 칠 경우 경로가 어떻게 바뀌는지 이야기하다가 식구들 모두 당구장으로 달려간 적도 있습니다.

아이들이 공부하는 데 수월한 부분도 크지만, 아이들이 다 자라 무뚝뚝한 청년이 되어도 여전히 만났을 때 대화할 거리가 있다는 것도 아주 큰 수확이라 여겨집니다.

이 책은 소재마다 네 부분으로 나뉘어 있습니다. 첫 번째 부분에는 아이들이 호기심을 가졌으면 하는 과학 현상을 다루고, 두 번째 부분에는 과학 원리에 대해 설명하며, 세 번째 부분에는 나이대에 따른 적용 수준을 제안하고, 마지막에는 2022 개정 교육과정을 따른 과학과 교과 관련 단원을 수록하여 4단계로 구성했습니다.

2022 개정 교육과정에서 과학과는 문제인식-탐구 설계-자료비교 분석-결론도출의 단계로 공부하도록 되어 있습니다. 특히 모든 단원에서 가장 강조한 것이 자연과 일상생활에서 각 단원에 관련된 문제를 인식하는 것으로, 일상에서 과학 현상을 찾아내는 것을 시작으로 하고 있습니다.

이 책은 초등과 중등 교과과정을 주로 다루고 있습니다. 그러나 유아 엄마표 과학에서 자주 다루는 실험이나 아이들이 아주 흥미롭게 여길 만한 일상과학의 경우에는 고등학교나 대학에서 배우는 원리더라도 다루어 보았습니다.

엄마들은 첫 부분만 읽어 보고 따라하실 수 있도록 등장인물을 설정했습니다. 9살인 미르와 과학을 전공하지 않았지만 미르와 이야기를 많이 나누고 싶어 하는 40살의 엄마입니다. 붕어빵을 먹는 장면을 예로 들어 보겠습니다.

"미르야, 뜨거우니 조심해서 먹어."

"이미 다 식었는데…."

"겉은 식었어도 속에 든 달달한 팥소는 엄청 뜨거워."

"와, 진짜 뜨겁네. 엄마, 왜 그런 거야?"

딱 여기까지면 충분합니다. 저는 여기서 거의 대부분을 이렇게 대답했습니다.

"먹어 보니 그랬어. 이유는 나중에 학교에서 배우겠지?"

제가 과학 전공자이긴 하지만 나이대에 맞지 않은 설명은 오히려 아이에게 피로감을 줄 수 있고, 아이의 나이대에 맞추어 설명하기 위해 고민하다 보면 엄마인 제가 힘들어서 지속하지 못할 것 같았기 때문입니다. 그리고 설명해 주지 않아서 아이들은 더 궁금한 것이 많아지고 학교 수업에 대한 기대도 커졌을 거라 생각합니다.

만약 같이 공부하고 싶으신 엄마라면 "엄마랑 같이 책에서 찾아볼까?" 혹은 이유를 알려 주고 싶은 엄마라면 "팥소가 촉촉한 거 보니 물이랑 닮았지? 물은 뜨거워지는 것도 오래 걸리고 차가워지는 것도 오래 걸려. 그래서 촉촉한 속도 물처럼 잘 식지 않는 거야."라고 아이의 눈높이에 맞춰 쉬운 단어로 이야기해 주는 것도 나쁘지 않습니다. 하지만 꼭 필요한 건 아니라고 생각합니다.

"엄마랑 전에 요거트 만들 때, 요거트 병을 따뜻한 물속에 담가 두었지? 그것도 물이 천천히 식어서 그런 거야."라고 같은 원리지만 다른 예로 설명해 주시는 것도 좋습니다.

　과학 원리–눈높이 맞춤 학습법–교과 관련 단원은 궁금한 분들만 읽으셔도 됩니다. 아이의 눈높이에 맞춰 설명해 주고 싶은 분들을 위해 과학 원리를 적어 두었습니다. 과학 원리에 있는 유사한 내용을 아이 눈높이에 맞춰 설명해 주셔도 좋습니다. 가능하면 전공자 수준의 설명을 빼고 쉽게 설명하려고 했지만, 꼭 알려드리고 싶은 개념은 부록으로 정리했으니 좀 더 확장하고 싶으신 분들만 '알아두면 유용한 지식 한 스푼(부록)'을 참고해 주세요.

차례

1장   부엌에서

2장   놀이터에서

5장　일상에서

1

부엌에서

엄마가 집에서 과학실험(?)을 가장 손쉽고 지속적으로 할 수 있는 방법은 부엌에서 요리하는 것입니다. 부엌은 물리, 화학, 생물, 그리고 수학까지 잔뜩 들어 있는 장소입니다. 요리를 배우기 시작하던 때에는 음식의 완성도를 높이기 위해 온도계를 준비하고, 저울을 마련했으며, 레시피를 그대로 따라하곤 했습니다.

평상시 늘 해 먹는 음식과 간식을 만드는 과정에 아이들을 참여시켜 보세요. 아이들이 온도를 재거나 재료들을 계량하고 음식을 하는 모습을 보는 것도 좋지만, 가끔씩 손으로 온도나 양을 느끼게 하는 것도 아이들이 과학을 체감하는 데 꽤 도움이 될 수 있습니다.

나이가 들어서 가장 오래 남아 있는 엄마에 대한 기억은 엄마의 손맛이 담긴 음식이라고 합니다. 아이들이 맛있는 엄마의 음식과 함께 나누었던 이야기들이 추억으로 더해질 좋은 기회라고 생각합니다.

요거트를 만들면서 친해지는 발효

부엌에서 가장 쉽게 시간의 힘을 빌어 만들 수 있는 것이 요거트입니다. 우유에 마시는 요거트를 부어 따뜻한 물속에 담아 두면 어느새 몽글몽글한 요거트가 만들어지거든요. 미르와 요거트를 만들어 먹기로 했어요.

"미르야, 요거트 만들 건데 도와줄 수 있니?"

"응, 엄마. 우유랑 마시는 요거트 여기 있어."

준비한 큰 볼에 따뜻한 물을 받아서 넣는 모습을 보고 미르가 궁금해하며 묻습니다.

"다은이 집에서는 요거트를 요거트 만드는 기계에 넣어서 만들 던데 우리는 왜 물그릇에다 만드는 거야?"

"유산균은 따뜻해야 잘 자라거든. 그래서 요거트 기계는 전기를 꽂아서 따뜻하게 해 주는 거야. 우리는 천천히 물장난하면서 재미 있게 만들어 볼까? 물에 손을 담가 봐. 따뜻하지?"

"응, 따뜻해."

"그런데 요거트 병은 작은데 왜 이렇게 큰 물그릇에 담아 둘까?"

"그러네. 음….."

"물이 많이 담겨 있어야 천천히 식어. 물의 양이 적으면 빨리 식 어서 따뜻한 물로 자주 갈아 줘야 하거든. 미르가 목욕할 때도 욕조 에 물을 많이 받아 놓아야 오랫동안 따뜻했지?"

요거트 만드는 과정

① 많은 종류의 유산균 중 손쉽게 구할 수 있는 시판 요거트 한 병 을 구입합니다.

② 나쁜 미생물이 있을 수 있으니 유리병을 끓는 물에 소독하여 식 힌 후, 우유를 1/2~2/3 정도 붓습니다.

③ 시판 요거트를 ②의 유리병 목까지 붓습니다.

④ ③의 유리병을 뚜껑으로 닫은 다음, 따뜻한 물을 받아 놓은 큰 볼에 담가 둡니다.

⑤ 물이 싸늘하게 식기 전에 따뜻한 물로 교체해 줍니다.

⑥ 우유에 대한 요거트의 비율이 클수록 걸쭉한 요거트가 되는 시간이 짧아집니다.

큰 통에 담긴 물은 왜 천천히 식을까요?

발효는 효모나 균이 유기화합물을 분해해서 이산화탄소, 유기산이나 알코올을 만드는 과정입니다. 요거트는 생물의 다양성에서 배우게 될 균계에 속하는 유산균이 우유를 발효시킨 것으로, 발효 과정에서 젖산을 만듭니다.

몸에 이로운 유산균은 먹이가 되는 우유에서 35~40°C 정도의 온도일 때 잘 자랍니다. 슬로우 쿠커나 요거트 제조기를 사용해서 간편하게 만들 수도 있지만, 아이에게 유리병을 물에 담아 달라고 부탁하면서 물의 온도를 느끼도록 합니다. 그릇이 클수록 물이 많이 담겨 있어 천천히 식고, 그릇이 작을수록 물이 적게 담겨 있어 빨리 식으므로 자주 갈아줘야 합니다. 아이는 나중에 물리학의 비열과 열용량, 생명과학의 미생물의 생장 조건을 배우게 될 때, 이때의 경험을 떠올리면서 과학이 낯설지 않고 익숙한 느낌을 가지게 됩니다. 비열과 열용량은 부록에서 좀 더 자세히 다루었습니다.

유산균의 발효 온도

발효도 균에 따라 활발하게 활동할 수 있는 온도가 다릅니다.

① 초저온성 발효 – 김치 유산균

김치는 소금으로 간이 되어 있어 영하 1~2℃에서 얼지 않고 맛있게 발효됩니다. 보통 냉장고는 4~5℃를 유지하고 김치냉장고는 영하 1~2℃를 유지하기 때문에 김치냉장고에서 물은 얼지만 김치는 얼지 않습니다. 김치냉장고에서 발효시킨 김치가 맛있는 이유는 김치 유산균이 김치냉장고에서 가장 잘 자랄 수 있기 때문입니다. 김치는 뒤에서 좀 더 자세히 다루어 보겠습니다.

② 중온성 발효 – 유산균, 효모

카스피해와 같은 몇 가지 종류의 요거트는 싱크대 위에 두면 잘 발효됩니다. 22~25℃에서 잘 발효되는 균을 중온성 유산균이라고 부릅니다. 밀가루로 발효종을 키워 빵을 만들어 본 적이 있는데 부엌에 그냥 두어도 저절로 발효되면서 맛있는 빵을 만들 수 있었습니다.

③ 고온성 발효 – 요거트 유산균

자주 먹는 유산균 음료나 떠먹는 요거트는 35~42℃에서 잘 발효됩니다. 저는 경험상 약간 따끈할 정도에서 발효시키는데, 이때의 온도를 측정해 보니 37℃였습니다. 흔히 '발효'라고 하면 유산균이나 효모를 떠올립니다. 유산균은 산소가 부족한 환경에서 당을 젖산으로 분해하는 원핵세포이고 효모는 당을 에틸알코올로 분해하는 곰팡이(진핵세포)입니다.

그럼 아이들의 나이대에 맞추려면 어떤 이야기를 나누어야 할까요?

눈높이 맞춤 학습법

유아나 초등 저학년의 경우, 따뜻한 물을 통해 맛있는 요거트를 만들 수 있고, 기다리는 시간이 필요하다는 것을 이야기해 줍니다.

초등 고학년에게는 뜨거운 물의 양이 많을수록 잘 식지 않는다는 것을 보여주고, 마시는 요거트 속에 유산균이 있기 때문에 우유를 발효시킨다는 것을 이야기하면 좋습니다.

중학생이라면 다양한 종류의 발효와 미생물의 생장 조건도 알아보며, 비열과 열용량을 비교해 보면 됩니다. 엄마가 이 원리를 다 설명해 줄 필요는 없고 아이에게 "비열과 열용량이 다르다는데…"라는 정도만 인지시키셔도 충분합니다.

📖 교과과정

— **초등 4학년** 다양한 생물과 우리 생활
— **중등 1학년** 생물의 구성과 다양성
— **중등 1학년** 열 (비열)

컵 위로 솟아오른 얼음이 다 녹으면 넘칠까요?

더운 여름날, 미르에게 콜라를 주었더니 얼음도 넣어달라고 하네요. 컵에 얼음을 넣고는 콜라를 가득 부어 주었어요. 그러자 미르가 재빨리 마시네요.

"미르야, 천천히 마셔야지."

"얼음이 녹으면 콜라가 넘칠까 봐 그래."

"녹아도 넘치지 않을 걸?"

"넘칠 것 같은데…. 그런데 얼음은 왜 콜라 위에 떠 있는 거야?"

"그러면 실험 한번 해 볼까?"

물의 상태 변화와 부력 실험

준비물: 컵, 얼음, 물

① 각얼음을 컵에 담습니다.

② 컵에 물이 넘칠 정도로 가득 담습니다.

어떤 결과가 나타날까요?

① 넘쳐흐른다.

② 그대로 유지된다.

③ 물이 줄어든다.

"미르야, 어떻게 될 것 같아?"

"얼음이 물 밖으로 나와 있으니 녹으면 넘칠 것 같아."

"그래? 그럼 얼음이 녹을 때까지 기다려 볼까?"

얼음이 다 녹아도 넘치지 않고 물 높이가 그대로 유지되는 것을 보고 놀란 미르에게 이야기해 주었어요.

"전에 엄마랑 생수병 얼려본 거 기억나니? 물이 얼면서 병 밖으로 넘쳐 나왔던 거."

"응, 엄마. 뚜껑 밖으로 얼음이 넘쳐 나와서 뚜껑을 닫지 못했던 거 기억나."

"물이 얼면서 부피가 더 커진 거야. 그러면 반대로 얼음이 녹으면 부피가 다시 줄어들지 않을까? 얼음이 물 위에 뜨는 이유는 조금 더 자라면 학교에서 배울 거야."

아주 간단하지만, 물의 상태 변화와 부력을 동시에 확인해 볼 수 있는 좋은 실험입니다. 아이와 함께 예측해 보며 기다립니다. 이때 아이들이 세 가지 보기 중 하나를 막연히 고르기보다는 나름대로 이유를 가지고 설명하도록 이끌어 주는 것이 중요합니다. 아이들이 사물을 관찰할 때 나름의 이유를 근거로 추측해 보고, 논리적인 과정으로 결론을 내리는 연습이 된다면 모든 과목으로 확장할 수 있기 때문입니다. 그 이유가 맞든 틀리든 그건 중요하지 않습니다. 그 이유가 맞았는지 틀렸는지 엄마가 관심을 가지면, 아이들은 위축되고 흥미도 잃습니다. 또한 엄마도 이유를 완전히 알아야 한다는 부담감 때문에 힘들어집니다.

얼음의 부피가 물보다 큰 이유는 무엇일까요?

플라스틱 병에 물을 담고 얼리면 부피가 더 커져서 플라스틱 병이 부풀어 오릅니다.

⬆ 얼리기 전의 물(왼쪽)과 얼린 후의 얼음(오른쪽)

플라스틱 병의 물을 그대로 얼려도 되지만, 얼음이 병 밖으로 넘쳐 나온 것을 보기 위해 플라스틱 병 뚜껑을 연 상태로 얼려 보았습니다. 아이들이 어리다면 얼리기 전과 얼린 후를 보여 주면서 호들 갑 떨어 봐도 좋겠죠.

겨울철에 날씨가 영하로 내려가면 수도관이 동파되었다는 뉴스를 종종 접하게 됩니다. 온도가 낮아지면서 수도관에 들어 있던 물이 얼게 되고, 이로 인해 물의 부피가 증가하면서 수도관이 터져 버린 겁니다. 우선 물이 나오지 않는 것도 큰 문제이지만, 다시 온도가 올라가면 터진 부분으로 물이 흘러나와 온통 물바다가 되기도 합니다.

물 분자는 양전하를 띠는 수소 1개와 음전하를 띠는 산소 2개가 다음과 같이 결합하고 있습니다.

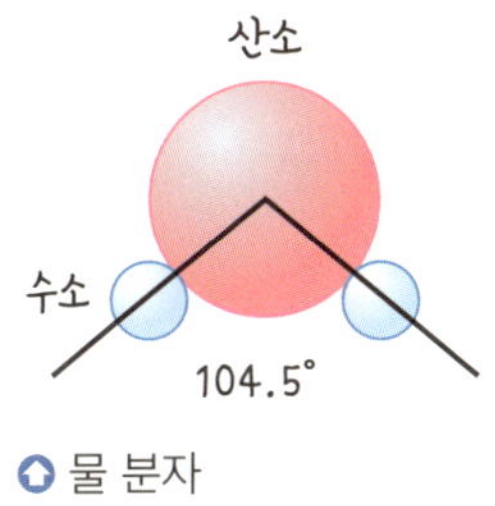

○ 물 분자

물 분자의 음전하를 띠는 산소와 이웃하는 다른 물 분자의 양전하를 띠는 수소가 약하게 결합하는데, 이를 수소결합이라고 합니다. 두 전기 모두 약하기 때문에 수소결합은 비교적 약합니다.

온도가 0°C 이하로 내려가면 물 분자는 거의 움직이지 않습니다. 거의 대부분의 물 분자들은 서로 수소결합을 하는데, 이때 육각형의 결정 구조를 형성하며 결합합니다.

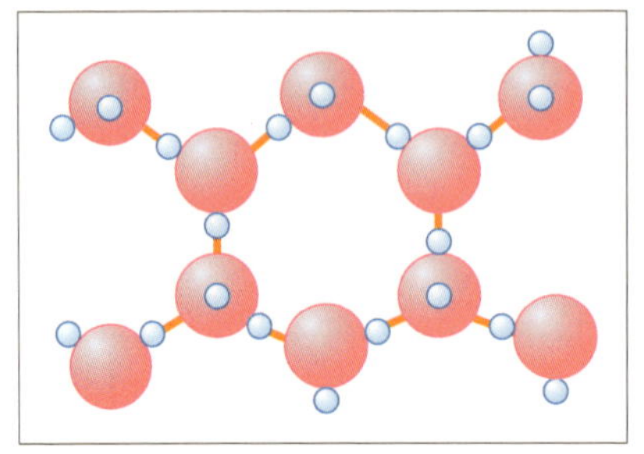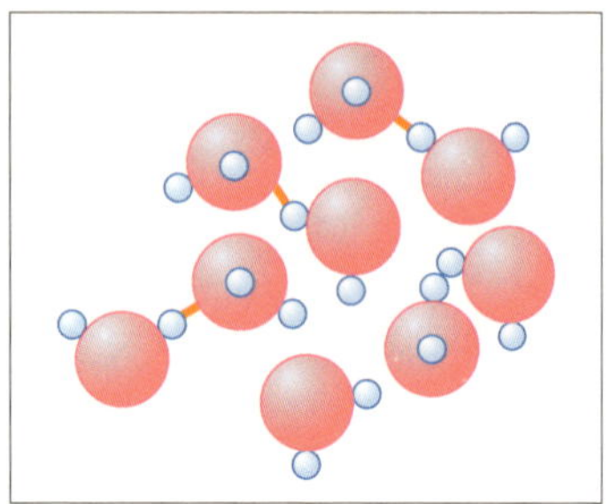

⬢ 얼음의 육각 구조(왼쪽)와 물 구조(오른쪽)

위의 그림은 얼음의 단면만 그린 것인데 앞뒤로도 이러한 결합이 계속 이어집니다. 이러한 육각 구조는 안쪽에 빈 공간을 만들기 때문에 물보다 부피가 커지는 것입니다.

물 분자들은 온도가 0°C 이상 올라가면 열을 받아 진동을 하게 됩니다. 약한 수소결합이 끊어지기 시작하고 얼음의 빈 공간에 깨진 물 분자들이 들어가면서 부피가 작아집니다.

섭씨 4°C가 넘으면 온도가 높아질수록 물 분자가 열에너지를 더 많이 받아 더 심한 진동을 합니다. 물 분자는 많이 움직일수록 물 분자 하나가 차지하는 공간이 커지므로, 온도가 높아질수록 물의 전체 부피가 커집니다.

물은 같은 질량일 때 섭씨 4°C에서 부피가 가장 작으므로, 이때의 밀도가 가장 큽니다.

얼음이 물에 뜨는 이유는 무엇일까요?

얼음이 물 위에 뜨는 이유는 물보다 밀도가 작기 때문입니다. 유명한 타이타닉호 침몰 사고도 작은 얼음 아래에 있는 큰 얼음을 예측하지 못해 생긴 사고입니다.

부력은 물체가 물에 잠겨 있는 부피의 물의 무게만큼 위로 밀어 올리는 힘이다.

물에 떠 있는 얼음은 물 위로 솟아 나온 부분과 잠겨 있는 부분이 있습니다. 물속에 잠겨 있는 부분의 부피만큼의 물이 얼면서 얼음이 되었기 때문에 녹으면 당연히 원래 물의 부피가 되므로 물은 넘치지 않게 됩니다. 부력에 관한 아르키메데스의 원리는 부록에서 좀 더 자세히 다루었습니다.

눈높이 맞춤 학습법

유아나 **초등 저학년**이면 물병의 물을 얼렸을 때 얼음이 병 밖으로 넘쳐 나오는 모습이나 컵보다 솟아오른 얼음이 다 녹아도 물이 넘치지 않는 것을 보고 신기하다며 이야기 나눕니다.

초등 고학년의 경우, 강물의 얼음이 위에서부터 어는 현상이나 물의 부피가 온도에 따라 달라진다는 사실, 얼음이 물보다 밀도가 작아져 뜨는 정도의 상황만 같이 이야기해 봅니다. 구체적으로 원리를 다 알지 못해도 됩니다.

중학생이라면 물이 얼음이 되면 부피가 늘어나는 이유를 생각해 보도록 유도하고, 물보다 밀도가 작은 물체는 물 위에 뜨는 원리도 아이가 체계적으로 설명할 수 있도록 도와줍니다.

- **초등 4학년** 물의 상태 변화
- **중등 1학년** 힘의 작용(부력)
- **중등 1학년** 물질의 상태 변화
- **중등 2학년** 물질의 특성(밀도)

떡국을 끓일 때, 다 익은 떡이 떠오르는 이유

추운 날에는 맛있는 떡국 한 그릇이면 최고의 식사가 될 수 있어요. 가끔 반찬을 만들기 귀찮은 날이면 떡국을 끓여 먹기도 합니다.

"미르야, 우리 떡국 끓여 먹을까?"

"와, 좋아! 배고파서 지금 빨리 먹고 싶어."

"떡이 다 익을 때까지 기다려야 먹지."

"언제 다 익어?"

"떡이 물 위로 떠오르면 다 익은 거야."

"저번에 만둣국 끓일 때도 엄마가 그렇게 말했어."

"맞아. 수제비도 그렇고 만둣국도 다 익으면 물 위로 떠오르거든."

"와, 신기하다."

"뜨거우면 떡이 빵빵하게 부풀어 올라. 물이 얼음이 되면서 커지니까 물 위에 떠 있었지? 무게는 변하지 않았는데 크기가 커지면 물 위로 떠오르는 거야."

⬆ 익기 전의 떡(왼쪽)과 다 익은 떡(오른쪽)

온도와 물의 밀도

물보다 밀도가 작은 물체는 물 위에 뜨게 됩니다. 이에 대해서는 부록에 더 자세히 설명해 두었습니다. 그럼 떡이 익으면 밀도가 더 작아지는 이유에 대해 알아보겠습니다. 완전히 마르지 않은 떡이나 만두 속에는 물과 작은 공기 방울들이 있습니다. 끓는 물에 떡이나 만두를 넣으면 온도가 높아지면서 물이 수증기가 되고 온도가 올라갈수록 부풀게 됩니다.

밀도는 일정한 부피의 물체가 갖는 질량입니다. 같은 질량의 떡 속에 있는 물방울이 수증기가 되고, 공기가 부풀면서 떡의 부피가 커지게 됩니다. 질량은 그대로인데 부피가 커지므로 떡 전체의 밀도가 작아져서 물 위에 떠오르는 겁니다. 떡이나 만두 속의 물방울이 수증기가 되었다면 모두 먹기 좋게 익은 상태가 됩니다.

유아나 초등 저학년의 경우 떡국이나 만둣국을 만들 때 떡이나 만두가 떠오르면 다 익은 것이므로, 그때 그릇에 옮겨 담으면 맛있게 먹을 수 있다는 것을 알려 줍니다.

초등 고학년에게는 물의 상태 변화를 떡국이나 만둣국을 끓이는 데 이용할 수 있다는 것을 이야기해 줍니다.

중학생이라면 밀도와 질량을 구별해서 이해하고, 밀도와 부력이 어떤 관계가 있는지, 물질의 상태 변화에 관해 이야기해 볼 수 있습니다.

교과과정

- **초등 4학년** 물의 상태 변화
- **중등 1학년** 기체의 성질(부피 변화)
- **중등 1학년** 물질의 상태 변화
- **중등 2학년** 힘의 작용(부력)

밥알이 동동 떠 있는 식혜의 원리

음식 솜씨가 좋은 지인이 정성 가득한 식혜를 만들어 보내 주었어
요. 마셔 보니 아주 많이 달지도 않고 적당히 식혜 맛이 나면서 맛
있었습니다.

"엄마, 식혜도 설탕을 넣어서 만들어?"

"아니. 밥에 엿기름이란 걸 넣어서 따뜻한 곳에 두면 단맛이 나."

"와, 그렇구나."

"여기 밥알은 왜 동동 떠 있는 걸까?"

"떡국에 있는 떡처럼 뚱뚱해졌어?"

"엿기름이 밥을 삭히면 밥이 달달한 걸로 바뀌거든. 그게 물에
녹아서 뚱뚱해지지 않아도 가벼워져서 그래."

식혜의 과학

식혜를 만드는 과정에서 과학 원리를 확인해 볼 수 있어서 적어 보았습니다.

① 엿기름을 면 보에 넣고 물속에서 주물러 엿기름물을 만듭니다.

② 찐 고두밥에 엿기름물을 넣고 보온 상태의 전기밥솥에 넣고 2~3시간 정도 둡니다.

③ 밥알이 동동 떠오르면 밥알은 찬물에 씻어두고 물은 끓여 둡니다.

보리에 물을 주어 싹을 틔운 다음 말린 것이 엿기름입니다. 이 과정에서 베타 아밀레이스가 생기는데, 아밀레이스는 녹말을 엿당으로 분해하는 효소입니다.

엿기름물을 고두밥에 넣어서 전기밥솥에 2시간 정도 보온 상태로 두면 식혜가 됩니다. 베타 아밀레이스는 55~60°C 정도의 온도에서 녹말을 엿당으로 잘 분해합니다.

식혜가 완성되고 나면 밥알은 찬물에 씻어두고 물은 끓여 둡니다. 베타 아밀레이스와 같은 효소는 단백질이기 때문에 끓이면 단백질이 응고되어 더 이상 효소로서의 작용을 하지 못합니다. 먹기 적당한 맛이 되면 당화작용을 정지시키기 위해 물을 끓여 두는 것입니다.

밥알의 주성분은 녹말로, 물보다 밀도가 큽니다. 아밀레이스가 녹말을 엿당으로 분해하면 엿당은 물에 녹게 됩니다. 녹말이 엿당으로 변해서 물에 녹아 나오는데 밥알의 크기는 그대로이므로 밥알의 밀도는 물보다 작아집니다. 그래서 잘 삭은 식혜의 밥알은 물 위에 동동 뜨게 됩니다.

얼음이나 익은 떡은 질량은 변하지 않지만 부피가 커져 밀도가 작아진 반면 식혜의 밥알은 부피는 변하지 않고 엿당이 녹아 밥알의 질량이 줄어들었으므로 밀도가 작아진 것입니다.

눈높이 맞춤 학습법

유아나 **초등 저학년**의 경우 달지 않은 쌀이 엿이 되거나 식혜가 된다는 사실을 알려 줍니다.

초등 고학년에게는 식혜나 엿이 되는 과정이 소화할 때의 과정과 유사하다는 것을 알려 줍니다.

중학생이라면 아밀레이스가 녹말을 분해하는 과정과 함께 여러 가지 효소의 작용을 알아보는 것이 좋습니다.

교과과정

— **초등 5학년** 우리 몸의 구조와 기능(소화)

— **중등 1학년** 힘의 작용(부력)

— **중등 2학년** 동물과 에너지(소화 효소)

기름진 고깃국을 담백하게 끓이는 방법

갈비찜을 하고 있으니 집 안에 맛있는 냄새로 가득 찹니다.

"엄마, 오늘 저녁 메뉴는 갈비찜이야?"

"미르야, 저녁에는 기름이 많아서 덜 맛있어. 내일 아침에 줄게."

갈비찜 국물을 따로 부어 잠시 두었더니 기름만 위로 올라왔어요.

"엄마, 여기 위에 있는 게 기름이야? 어떻게 버리지?"

"냉장고에 넣어 두면 위로 올라온 기름이 굳거든. 그러면 쉽게 제거할 수 있어."

이튿날 아침, 갈비찜 국물 위에 딱딱하게 굳어 있는 기름을 걷으면서 알려 주었어요.

"참기름은 냉장고에 두어도 굳지 않지만, 고기에서 나온 기름은 차가워지면 지금 보는 것처럼 굳게 돼."

◐ 냉장고에 넣어 둔 갈비찜 국물

밀도와 부력

컵에 물과 기름을 섞어 두면 사진처럼 두 층으로 나뉩니다. 뚜껑이 있는 투명한 물병에 담은 뒤 마구 흔들어도 층은 다시 생깁니다.

○ 섞이지 않는 물과 기름(왼쪽), 기름이 떠오른 소고기 뭇국(오른쪽)

이해하기 쉽도록 물속에 기름 한 방울과 기름 속에 물 한 방울이 있다고 간단하게 그려 봤습니다.

○ 섞여 있는 물(파란색)과 기름(노란색)

물속에 있는 기름방울은 물보다 밀도가 작습니다. 때문에 기름방울에 작용하는 부력이 중력보다 커서 떠오르게 되고, 이로 인해 위에 있는 기름 층에 같이 섞입니다.

반면에 기름 속에 있는 물방울은 물방울에 작용하는 중력이 부력보다 커서 가라앉게 되고, 이로 인해 아래의 물 쪽으로 이동합니다.

따라서 밀도가 다른 두 액체가 부력으로 분리되는 현상을 알 수 있습니다.

눈높이 맞춤 학습법

유아나 **초등 저학년**의 경우에는 뚜껑이 있는 투명한 병에 물을 담고 좋아하는 색의 물감을 살짝 푼 뒤 식용유를 넣습니다. 그런 다음 병을 마구 흔든 뒤에 놓아두면 식용유와 예쁜 색의 물이 분리되는데, 이런 현상을 보는 것만으로도 아이들은 재미있어 합니다.

초등 고학년에게는 집에 스포이트가 있을 경우, 스포이트를 이용하여 식용유를 다른 그릇에 옮겨 보게 하면 혼합물을 분리할 수 있다는 걸 알게 됩니다. 스포이트가 없다면 숟가락으로 떠내거나 다른 좋은 방법이 없을지 이야기해 봅니다. 오히려 스포이트가 없어서 물과 기름을 분리하는 방법을 찾다 보면 과학적 사고가 더 발달할 수도 있습니다.

중학생이라면 혼합물이 분리되는 원리가 부력이라는 것을 이해하면 좋습니다. 포화지방산에 대한 개념을 배우기 이전의 아이라면 기름에는 흐르는 형태로 있는 것과 낮은 온도에서 딱딱하게 굳는 게 있다는 사실만 알려주세요. 영양소에서 포화지방과 불포화지방을 배우거나 화학에서 지방산을 배울 때 원래부터 알고 있던 것처럼 자연스레 습득하게 될 거예요.

📖 교과과정

— **중등 1학년** 힘의 작용(부력)

— **중등 2학년** 물질의 특성(혼합물의 분리)

단감으로 홍시 만들기

가을이 되면 대봉감을 구입해서 홍시를 만들어 먹곤 하는데, 이는 가을의 즐거움 중 하나입니다. 감 한 박스를 구입하면 몇 개는 홍시가 되어 있고 몇 개는 딱딱해서 하나씩 골라 먹는 재미가 있습니다. 미르도 감 박스에서 맛있는 감을 고르고 있어요.

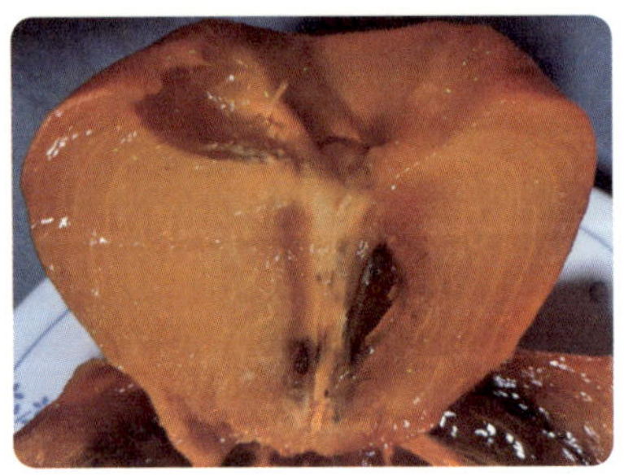

엄마는 미르에게 다 익은 감을 골라주고는 딱딱한 감이 들어 있는 박스에 사과 몇 개를 함께 넣어 비닐로 덮어 두었어요.

"미르야, 다 익은 감은 말랑하니까 이거 먼저 먹어."

"그런데 왜 감 박스에 사과를 넣는 거야?"

"그러면 좀 더 빨리 홍시가 된다고 하네."

"진짜?"

"사과에서 나오는 기체 중에서 감을 빨리 익게 만드는 게 있대. 엄마도 궁금하니 같이 이유를 찾아볼까?"

미르와 같이 인터넷으로 검색하여 자세히 알아보았어요.

과일을 빨리 익히는 방법

감 농사를 짓는 분들은 감을 빨리 익히기 위해 덜 익은 감을 수확해 박스에 담고, 에틸렌 기체를 묻힌 솜을 바닥에 깐 뒤 박스를 밀봉한 상태로 보관하기도 합니다. 식품의약품안전처 홈페이지를 보면 에틸렌은 인체에 무해하다고 합니다.

작물을 수확하거나 상처를 내면 식물성 호르몬인 에틸렌을 만들기 시작합니다. 그래서 사과를 그냥 넣는 것보다 잘라서 넣으면 더 많은 에틸렌이 방출됩니다. 사과 외에도 복숭아, 자두, 살구도 에틸렌을 많이 만들어 냅니다.

식물성 에틸렌은 녹색 채소의 엽록소를 분해해서 시금치를 누렇게 만들고, 감자의 싹을 틔우지 못하게 하며, 과일을 물러지게 하는 작용을 합니다. 즉 감을 빨리 홍시로 만들거나 덜 익은 바나나를 노랗게 익도록 하는 역할도 하지만 시금치나 감자, 당근 등 다른 재료를 맛없게 만들기도 합니다.

에틸렌이 뭔가요?

에틸렌ethylene은 주로 석유나 천연가스에서 합성한 유기 화합물로 1669년 독일의 화학자 요한 요아힘 베커Johann Joachim Becher에 의해 처음으로 언급되었습니다. 베커의 연구는 후일 슈탈의 플로지스톤 이론의 근간이 되기도 했습니다.

에틸렌은 비닐이나 페트병의 뚜껑을 만드는 원료입니다. 1800년 대 말, 러시아의 드미트리 넬류보프Dmitry Neljubow가 불빛으로 사용하던 석탄가스에서 나온 에틸렌이 완두콩의 성장에 영향을 끼친다는 사실을 발견했습니다.

1934년 영국의 리차드 게인Richard gane은 사과에서 나온 에틸렌을 분리함으로써 식물 호르몬을 증명했습니다. 고대 이집트인들은 무화과를 빨리 익히기 위해 상처를 냈고, 중국인들은 향불을 피워 배를 빨리 익혔다는 기록이 있습니다. 향불에서 나오는 에틸렌 기체를 어렴풋이 알았던 모양입니다.

1900년대 초에는 병원에서 수술할 때 전신마취제로 사용되기도 했답니다.

채소·과일을 오래 보관하는 방법

에틸렌 기체가 나오면 다른 과일에도 영향을 주지만 사과 역시 오래 보관할 수 없습니다. 사과는 온도가 낮을수록, 산소 및 이산화탄소의 농도가 낮을수록 에틸렌을 덜 만들기 때문에 진공 팩에 넣어 냉장 보관하면 오랫동안 맛있게 먹을 수 있습니다.

상처가 난 과일은 에틸렌을 더 많이 만들어 내기 때문에 따로 보관하거나 빨리 먹는 것이 좋습니다.

눈높이 맞춤 학습법

유아나 **초등 저학년**의 경우 사과와 감을 같이 두면 감이 더 빨리 홍시가 된다는 사실을 알려 줍니다.

초등 고학년에게는 에틸렌을 방출하는 식물이 있다는 것을 알려 줍니다.

중학생이라면 에틸렌의 분자식을 알려 주거나 에틸렌의 다양한 쓰임새에 대해 함께 이야기를 나누면 좋습니다.

교과과정

— **초등 3학년** 식물의 생활

— **초등 6학년** 식물의 구조와 기능

— **중등 1학년** 생물의 구성과 다양성

눅눅해진 튀김 살려내기

냉동 치킨 튀김을 구입해서 '치킨마요' 컵밥을 흉내 내어 만들어 보았어요.

"미르야, 치킨마요 컵밥 만들어 줄까?"

"집에서도 만들 수 있어?"

"냉동실에 있는 치킨 튀김만 있으면 만들 수 있지."

"엄마, 그러면 치킨 튀김 꺼내서 전자레인지에 데울까?"

"튀김은 전자레인지에 데우면 눅눅해져서 맛이 없어. 바삭해야 맛있지."

"그럼 어떻게 해?"

"오븐에 데우면 바삭해져서 맛있어. 전에 먹다 남은 튀김도 오븐에 데워서 바삭하게 만들어 먹었잖아."

치킨마요 컵밥 만드는 과정

① 양파를 채 썬 다음 진간장과 설탕을 넣어 볶다가 물이 나오면 물

이 거의 없어질 때까지 졸입니다.

② 냉동 치킨 튀김을 에어프라이어나 오븐에 5~10분 익힌 후, 한 조각을 3~4등분으로 자릅니다.

③ 밥에 볶은 양파를 얹고, 익혀서 잘라 둔 치킨 튀김을 얹어 마요네즈를 올립니다.

빛은 전자기파라고도 하는데, 전자기파는 전기장의 진동수에 따라 각각의 특성이 있습니다. 진동수가 300 MHz(3억 헤르츠)~300 GHz(3천 억 헤르츠)인 전자기파를 '마이크로파'라고 하는데 전자레인지에 사용되는 마이크로파는 진동수가 2.5 GHz(25억 헤르츠) 정도입니다. 그래서 전자레인지를 영어로 'microwave oven'이라고 부릅니다.

전자레인지에서 나오는 전자기파는 진동수가 25억 Hz이므로 전기장이 1초에 대략 25억 번을 방향을 바꾸면서 나아가는 빛입니다. 물 분자는 수소 이온과 산소 이온으로 이루어져 있고 산소 쪽은 음전하, 수소 쪽은 양전하를 가지는 막대처럼 행동합니다. 양전하와 음전하 막대는 전기장 방향으로 놓이도록 움직입니다.

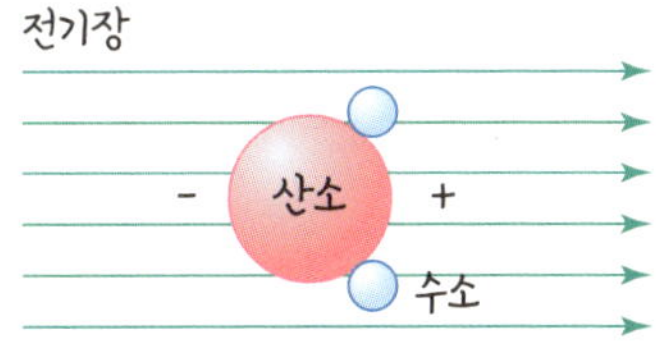

전기장의 방향과 나란해지도록 물 분자가 움직이고 전기장의 방향이 바뀔 때마다 물 분자도 따라서 방향을 바꿉니다. 이처럼 물 분

자가 계속 움직이면서 열을 발생시키고 온도가 높아집니다. 이러한 방법을 유전가열dielectric heating 방식이라고 부릅니다.

금속은 전자기파를 잘 흡수하기 때문에 전자레인지로 음식을 데울 때에는 전자기파를 흡수하지 않는 유리나 도자기 그릇에 담아야 합니다. 다만 도자기 그릇이라 하더라도 금속으로 된 장식이 있다면 사용할 수 없습니다.

또 이 방식은 물 분자가 움직이면서 열을 내는 방법이므로 수분이 없는 마른 음식은 데워지지 않습니다. 따라서 빵을 많이 구입했을 경우, 마르지 않게 잘 밀봉해서 바로 냉동실에 넣었다가 전자레인지로 데우는 것이 맛을 좋게 만드는 방법입니다. 밥을 지은 뒤 용기에 옮겨 담아서 뚜껑을 빠르게 닫아 마르지 않은 상태에서 냉동시켰다가 전자레인지에 데우면 방금 한 밥처럼 되는 것도 같은 이유입니다.

물을 진동시켜 열을 내는 방식이라 뜨거워진 물이 음식 전체를 촉촉하게 만듭니다. 그래서 튀김도 촉촉해지면서 눅눅해져 맛이 없어집니다.

튀김의 원리: 마이야르 반응

마이야르 반응은 180°C 정도로 가열한 기름에 튀김옷을 입힌 재료를 넣으면 생기는 현상으로 튀김을 맛있게 만듭니다.

① 물은 100°C에서 증발하기 때문에 튀김옷에 있는 수분이 재빠르

게 수증기로 변해 밖으로 나옵니다. 가열된 식용유에 튀김 재료를 넣으면 생기는 기포가 바로 수증기입니다.

② 베이킹파우더가 만든 공기나 달걀흰자에 있던 공기 방울이 온도가 높아지면서 부피가 커지게 되고 밀가루가 익기 전에 빈 공간을 만들어 바삭거리는 식감을 줍니다.

③ 누룽지처럼 온도가 높아지면 녹말이 갈색으로 변하면서 맛있어지는 현상을 마이야르 반응이라고 합니다. 마이야르 반응은 고소한 맛과 바삭한 식감을 줍니다.

④ 튀김옷에 있던 당은 높은 온도에서 캐러멜화되면서 황금색과 좋은 맛을 만들어 줍니다.

냉동식품은 ①, ② 과정을 지나 ③, ④ 과정이 완성되기 전까지 튀겨 상품으로 만든 것입니다.

냉동 튀김을 전자레인지에 넣으면 어떻게 될까요. 음식 내부의 수분을 뜨겁게 만들어 음식 전체로 열을 전달해서 음식이 눅눅해지면서 따뜻하게 데워집니다.

에어프라이어의 원리

에어프라이어는 열선을 달군 후 강제로 뜨거운 공기를 순환시켜 내부 온도를 180~200℃로 뜨겁게 만듭니다. 머리를 말리는 헤어드라이어와 비슷합니다.

냉동 튀김은 위의 ①, ② 과정에서 튀김옷의 수분이 빠져나간 자

리에 기름이 들어가 있습니다. 에어프라이어에 냉동 튀김을 넣으면 180℃의 온도에서 가열된 튀김옷 속의 기름이 마이야르 반응과 캐러멜화 반응이 일어나면서 금방 만든 바삭한 튀김처럼 만들어집니다.

오븐은 위와 아래에서 열선으로 가열하는 방식입니다. 요즘은 조금 더 빨리 음식을 만들기 위해 공기를 순환시키는 컨벡션 기능도 추가된 오븐이 많습니다. 컨벡션 기능을 추가한 오븐은 에어프라이어와 원리가 거의 비슷해서 에어프라이어가 없는 경우에는 오븐으로도 같은 효과를 볼 수 있습니다.

원리는 비슷하지만 에어프라이어는 강력한 공기 순환으로 열을 빨리 전달하기 때문에 예열이 필요하지 않습니다. 따라서 전기 소모가 적으므로 소량의 음식을 데울 때는 효율적입니다.

유아라면 전자레인지가 아닌 에어프라이어나 오븐으로 맛있게 만든 냉동식품을 즐기면 충분합니다.

초등 저학년이라면 음식을 데울 때 전자레인지를 사용하는 경우와 오븐이나 에어프라이어를 사용하는 경우가 어떻게 다른지 경험하도록 해 줍니다.

초등 고학년이나 중학생이라면 원리를 궁금해 할 경우에 전자레인지의 원리나 오븐의 원리, 튀김이 바삭한 이유 등을 골라서 설명해 주시면 좋습니다.

📖 교과과정

— **중등 1학년** 열
— **중등 2학년** 전기와 자기

가마솥 튀김이 더 맛있는 이유

텔레비전에서 요리사가 가마솥에서 튀김을 만들어 먹는 장면을 보았습니다.

"가마솥에서 튀김을 하면 더 맛있어?"

"엄마도 집에서 튀김을 만들 때 기름을 조금 넣고 튀기는 것보다 큰 냄비에 기름을 넉넉히 넣고 튀기니까 더 바삭하고 맛있게 튀겨지더라. 전에 요거트를 만들 때 물을 많이 담았을 때가 더 천천히 식었잖아. 그거랑 비슷하지 않을까?"

❖ 새우와 오징어튀김

튀김의 원리

앞의 오븐에 대해 설명한 글에서 살펴본 튀김의 원리를 간단하게 정리해 볼게요. 180°C 정도로 가열한 기름에 튀김옷을 입힌 음식을 넣으면 튀김옷에 있던 수분이 순식간에 빠져나가고, 그 자리에는 기름이 들어갑니다. 물은 100°C에서 수증기로 변하기 때문입니다. 180°C의 기름은 튀김옷의 녹말을 노릇하고 바삭하게 만듭니다. 이 과정을 마이야르 반응이라고 합니다. 뜨거운 솥 바닥에 눌어붙은 밥이 누룽지가 되는 것과 비슷한 과정입니다. 기름으로 인해 풍미가 더 좋아집니다.

요리사들은 기름을 식재료가 아닌 요리도구라는 표현을 사용하기도 합니다. 뜨거운 솥 바닥에서 누룽지가 만들어지는 것처럼, 튀김옷의 모든 부분이 기름에 닿아 누룽지를 만드는 과정이라고 생각하면 요리사들이 왜 그런 표현을 사용하는지 이해가 됩니다.

비열과 열용량

뚝배기에 담은 음식이 알루미늄 냄비에 담은 음식보다 천천히 식습니다. 그 이유는 뚝배기의 열용량이 더 크고 열전도율이 작기 때문입니다. 비열 때문이 아닙니다.

"비열 때문에 잘 식거나 잘 식지 않는다는 것은 알겠는데 열용량은 뭐지?"라며 비열과 열용량을 잘 구별하지 못하는 분들이 의외로 많습니다.

같은 질량일 때 더 잘 식거나 느리게 식는 성질은 비열이고, 전체 질량이 커지면 같은 물질이라도 천천히 식는다는 것이 열용량입니다. 솜은 밀도가 작고 쇠는 밀도가 커서 솜이 가벼운 것처럼 느껴지지만, 솜 1 kg이 쇠 500 g보다 질량이 커서 더 무거운 것과 같은 이유입니다.

엄마가 이론을 설명해 주는 것도 좋지만 학교에서 과학 시간에 이론을 배우기 때문에 이런 경험을 기억하게 해 주는 것으로도 충분합니다. 조금 더 자세히 알고 싶으신 분들을 위해 부록에서 비열과 열용량에 대해 다시 한번 다루었습니다.

비열은 어떤 물질 1 g의 온도를 1°C 높이는 데 필요한 열입니다. 식용유의 비열은 약 0.5로, 물의 비열이 1인 것에 비하면 아주 작습니다. 때문에 같은 양의 뜨거운 물과 식용유를 식힌다면 식용유가 두 배나 빨리 식습니다. 한편 비열이 작더라도 물질의 양이 많아질수록 열을 많이 지닐 수 있습니다.

열용량은 비열에 질량을 곱한 값으로 실제 물체의 온도를 1°C 높이는 데 필요한 열입니다. 뜨거운 물을 욕조에 받아두고 한 컵을 따로 담아놓으면 컵에 담긴 물이 빨리 식습니다. 같은 물이라도 양이 많을수록 온도 변화가 적은 것입니다.

비열은 물질의 성질이고 실제 온도 변화는 열용량에 따라 결정됩니다.

가마솥 튀김이 맛있는 이유

튀김옷 속의 수분이 증발하는 것은 수분이 주위의 열을 빼앗아 기체가 되는 과정입니다. 튀김을 기름에 넣으면 부글거리면서 기포가 생기는데, 이 기포는 튀김옷의 수분이 수증기가 되어 빠져나오는 것입니다.

180℃의 기름에 튀김 재료를 넣으면 수분이 증발하면서 빼앗아 가는 열 때문에 식용유의 온도가 순간적으로 내려갑니다. 물에 젖은 피부가 마르면서 시원해지는 것과 같은 원리입니다. 낮은 온도에서는 누룽지처럼 바삭하게 익지 않고 천천히 삶는 것과 같습니다.

수분이 수증기가 되어 열이 빠져나가더라도 기름의 온도가 잘 내려가지 않으면 바삭하고 맛있는 튀김을 만들 수 있습니다. 가마솥에서 만든 튀김이 맛있는 이유는 식용유의 온도가 잘 변하지 않기 때문입니다.

① 두꺼운 가마솥은 다른 그릇보다 열용량이 크다

가마솥의 비열은 스테인리스와 크게 다르지 않습니다. 하지만 가마솥은 두께가 두껍기 때문에 열용량이 커서 얇은 그릇보다 온도 변화가 작습니다.

② 식용유의 양이 많아서 온도가 잘 변하지 않는다

커다란 가마솥에는 식용유를 많이 넣습니다. 식용유의 양이 많으면 열용량이 커지므로 온도가 잘 변하지 않습니다.

튀기기 적당한 온도가 된 식용유에 음식을 넣으면, 순간적으로 식용유의 온도가 내려갑니다. 이때 열용량이 큰 기름이라면 온도 변화가 적어서 튀김이 맛있게 됩니다. 이를 이용하면 집에서도 가마솥을 이용하지 않고 맛있는 튀김을 만들 수 있습니다. 큰 그릇에 식용유를 넉넉하게 붓고, 튀김을 한꺼번에 넣지 않고 조금씩 적은 양을 넣어 튀기면 됩니다.

눈높이 맞춤 학습법

유아나 초등 저학년의 경우 치킨이나 튀김을 맛있게 먹으면서 음식을 물에 삶는 것과 튀기는 것의 차이점이나 튀김의 원리를 설명해 주면 좋습니다.

초등 고학년이나 중학생이라면 비열과 열용량의 차이를 가마솥 튀김과 관련해서 알려주면 절대 잊지 않겠죠?

교과과정

— **중등 1학년** 열

붕어빵을 호호 불면서 먹는 이유는?

찬바람이 불기 시작하면 군고구마와 함께 우리를 유혹하는 군것질이 있습니다. 바로 국화빵이나 붕어빵입니다. 미르와 함께 길을 가다가 붕어빵을 굽는 곳을 발견하고는 붕어빵을 사 먹기로 했습니다.

"미르야, 뜨거우니 조심해서 먹어."

"이미 다 식었는데…."

"겉은 식었어도 속에 든 달달한 팥소는 엄청 뜨거워."

"와, 진짜 뜨겁네. 엄마, 왜 그런 거야?"

"팥소가 촉촉한 거 보니 물이랑 닮았지? 물은 뜨거워지는 것도 오래 걸리고 차가워지는 것도 오래 걸려. 그래서 촉촉한 속도 물처럼 잘 식지 않는 거야."

"아, 그렇구나."

"엄마랑 전에 요거트 만들 때, 요거트 병을 따뜻한 물에 담가 두었지? 그것도 물이 천천히 식어서 그런 거야."

예전에 호떡을 아무 생각 없이 한입 베어 물었다가, 설탕이 녹아

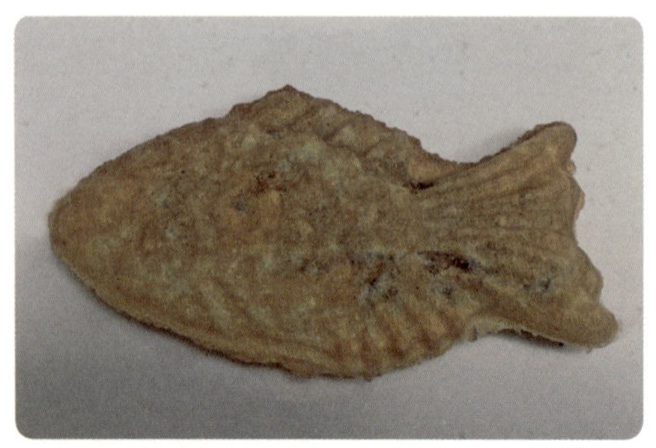

있는 부분이 매우 뜨거워서 입을 데어 본 경험이 있다는 것을 이야기해 주었어요.

비열

온도 변화는 열용량에 따라 결정된다는 것을 알고 있습니다. 하지만 비슷한 양이라면 비열만으로도 온도 변화를 가늠할 수 있습니다. 비열은 1 g의 물질을 1°C 올리는 데 필요한 열량입니다. 즉 비열이 큰 물질은 온도를 올리거나 내리기 어려운 물질입니다. 물의 비열은 1 cal/g°C 그리고 쇠는 0.1 cal/g°C, 마른 곡물은 0.31 cal/g°C 정도입니다. 물질의 양이 비슷하다면 온도 변화는 비열만 고려해도 됩니다.

붕어빵이나 호떡 속에는 달달하게 설탕으로 졸인 소가 들어 있습니다. 원래 만들어질 때에는 같은 온도로 구워집니다. 그러나 소가 겉 부분보다 잘 식지 않는 이유는 팥소나 호떡의 소에는 겉 부분보다 수분이 많이 포함되어 있기 때문입니다. 국화빵은 겉 부분을 만졌을 때 뜨겁지 않은 데 비해 속을 베어 물면 아주 뜨겁습니다. 좀 더 자세한 내용은 부록에서 다루겠습니다.

팥 찜질팩(핫팩)의 과학 원리

겨울이 되면 아이들에게 핫팩을 준비해 주곤 합니다. 천연 핫팩을 만들어주면 아이에게도 환경에도 도움이 됩니다.

58회 과학전람회에는 '찜질팩 안의 팥은 전자레인지에 의해 타거나 익지 않고 왜 계속 뜨거워질까?'라는 입상작도 있었습니다. 팥은 껍질에 싸여 있어 수분이 완전히 날아가지 못해 비열이 약 0.9입니다. 전자레인지에 가열하면 수분에 의해 따뜻한 온도를 오래 유지할 수 있고, 날아간 수분도 다시 껍질에 붙어 여러 번 가열할 수 있다는 연구 내용이었습니다.

주변에서 흔히 볼 수 있는 팥으로 만든 핫팩으로도 이런 다양한 과학적인 접근이 가능하다는 것을 알 수 있습니다.

유아나 초등 저학년이라면 호떡이나 붕어빵을 먹을 때 속이 더 뜨겁다는 것을 알려 줍니다.

초등 고학년에게는 비열을 이용하여 다양하게 응용할 수 있다는 것을 이야기해 봅니다.

중학생이라면 비슷한 양일 경우 비열을 통해 잘 식는 정도를 알 수 있다는 것을 알려 줍니다. 열용량과 비교해 보는 것도 좋습니다.

교과과정

— **초등 5학년** 열과 우리 생활
— **중등 1학년** 열(비열)

폭신한 빵에 숨어 있는 빵의 과학

부침개도 맛있게 먹지만 빵을 좋아하는 미르와 빵을 자주 구워 먹어요. 오늘은 달콤한 카스텔라를 구워 먹기로 했어요.

"미르야, 오늘은 빵을 구워 볼까? 카스텔라 만들어 보는 거 어때?"

"좋아! 카스텔라는 달콤해서 맛있어."

달걀흰자에 거품을 내고, 설탕을 넣는 것을 보며 침을 삼킵니다.

"설탕을 넣으면 단맛 때문에 맛도 좋지만 빵을 더 폭신하게 만들어 줘."

"맞아, 카스텔라를 뭉쳐서 작게 만들어 먹었을 때는 맛이 없었어. 오븐 한번 열어 봐도 돼?"

"맛있는 냄새가 나기 전에 오븐을 열면 빵이 쪼그라들어."

"잠깐만 열어 봐도 그런 거야?"

"달걀 거품을 만들어서 밀가루랑 섞었지? 그때 밀가루 반죽 사이에 공기가 들어갔거든. 공기는 높은 온도에서 팽창하면서 밀가루를 밀어내고 사이사이 많은 구멍을 만들어. 뜨거운 오븐 속에서 구멍이 커지면서 익어야 폭신한 빵이 되는 거지. 그런데 그 전에 오븐을 열면 온도가 내려가서 공기가 수축하기 때문에 빵도 같이 쪼그라들어."

"응, 그러면 맛있는 냄새가 날 때까지 기다릴게."

빵을 부풀게 하는 방법

밀가루 반죽 사이에 공기를 만들어 넣는 방법을 크게 세 가지로 나누어 보았습니다.

① 베이킹소다

탄산수소나트륨을 식재료로 부르는 이름이 베이킹소다입니다. 밀가루 사이에 들어 있던 베이킹소다는 60°C보다 높은 온도에서 이산화탄소를 발생시키는데, 이 이산화탄소가 빵 사이사이에 구멍을 만들어 줍니다.

스콘이나 핫케이크를 만들 때 이 방법을 이용할 수 있습니다. 시판되는 핫케이크 가루를 사용해 만들 때 상품 설명서를 아이들과 읽어 보면서 이야기를 나누어 보면 좋습니다.

② 효모

효모는 발효되는 온도에서 밀가루를 먹고 자라면서 이산화탄소를 만들어 냅니다. 이 이산화탄소가 밀가루 사이에 들어가 많은 공기

구멍을 만듭니다.

상품으로 나온 이스트보다 밀가루로 만든 천연 효모로 만든 빵에 매력을 느껴 천연 발효종으로 빵을 구운 적이 있습니다. 막걸리를 담그다가 밑술을 조금 덜어내 발효종을 키워서 구운 빵인데, 풍미가 아주 좋습니다.

③ 달걀흰자

달걀흰자를 거품기로 거품을 내면 밀가루 사이에 공기를 넣을 수 있습니다. 달걀흰자는 거품기로 저으면 계면 활성제와 비슷한 역할을 하는 단백질이 표면장력을 줄이면서 비눗방울을 만들 때처럼 공기 방울을 만들 수 있습니다. 흰자에 있는 단백질은 공기와 만나면 단단해지는 성질이 있어 단백질 그물의 모양을 고정하기 때문에 거품을 만든 후 꽤 오랫동안 유지할 수 있습니다. 밀가루와 거품을 낸 흰자를 섞을 때는 마구 저으면 거품이 망가지기 때문에 주걱으로 살살 저어야 합니다.

또 설탕을 넣으면 점도가 좋아져 거품이 잘 유지됩니다. 카스텔라나 스펀지케이크에 설탕을 넣는 것은 달콤한 맛뿐만 아니라 기포도 잘 유지해 주기 때문입니다.

유아나 초등 저학년의 경우에는 달콤한 빵을 먹으면서 식감이 부드러운 이유가 무엇일지 이야기를 나누어 봅니다.

초등 고학년에게는 빵의 재료 속에 들어 있는 공기를 유지시키는 방법이나 오븐을 예열시키는 이유에 관해 알려 줍니다.

중학생이라면 온도가 높아지면서 기체의 부피가 커지는 것과 탄산수소나트륨의 반응과 함께 달걀흰자의 역할에 대해 이야기를 나누면 좋습니다.

교과과정

— **초등 4학년** 여러 가지 기체
— **중등 1학년** 기체의 성질(기체의 온도와 부피 관계)
— **중등 3학년** 화학 반응의 규칙성

스테이크를 구우면서 알아보는 온도계

오늘은 오랜만에 두툼한 안심으로 스테이크를 만들기로 했어요. 고기가 두꺼워서 천천히 속까지 익혀야 하기 때문에 겉을 먼저 구운 다음, 스테이크용 서미스터를 고기에 꽂아서 오븐에 넣었어요.

"고기가 다 익었는지 알 수 있도록 고기 속에 온도계를 꽂아서 넣어 두자."

"내가 열이 났을 때 재는 온도계랑 다르게 생겼네."

"체온을 측정할 때, 물의 온도를 측정할 때, 오븐 속 고기의 온도를 측정할 때 사용하는 온도계는 모두 다 달라."

미르는 뾰족한 곳을 고기에 찔러 오븐에 넣고, 온도를 표시하는 본체는 오븐 밖에 두는 것을 보면서 신기하게 여기네요.

"엄마, 내가 재 봐도 돼?"

"오븐은 너무 뜨거워서 위험해. 다음에 또 요거트를 만들게 되면 그때 물 온도는 미르가 재 보자."

음식을 할 때 사용하는 온도계가 있으면 온도를 재는 것도 아이들에게 아주 재미있는 놀이가 됩니다. 온도계는 온도에 따라 변하

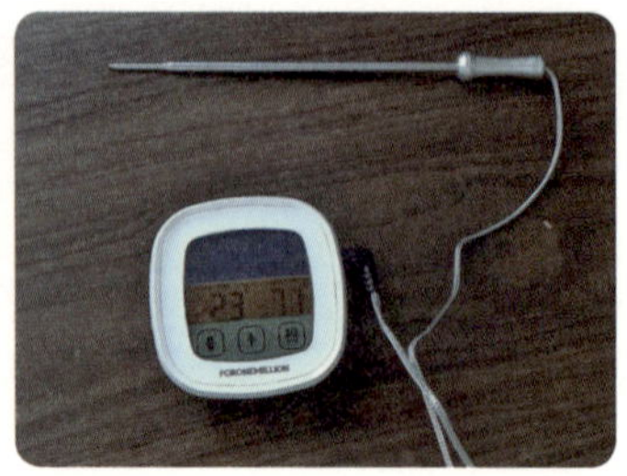

는 성질을 이용해서 만든 것입니다.

알코올 온도계

온도가 높아지면 알코올의 부피가 일정하게 늘어나는 성질을 이용한 것입니다. 원기둥의 단면적이 같으므로 알코올의 부피 변화는 높이에 비례하고, 이 높이로 온도를 나타낼 수 있습니다. 은색 액체, 즉 수은이 들어 있는 온도계는 수은 온도계, 모양은 비슷하지만 빨간색 액체가 들어 있는 온도계가 알코올 온도계입니다. 온도계의 원리는 같지만, 수은 온도계는 환경문제로 더 이상 사용하지 않습니다.

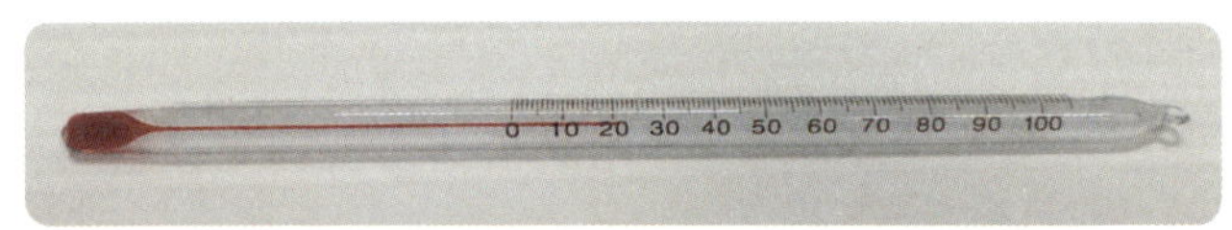

⬆ 알코올 온도계

귀 체온계

열을 내는 물체는 온도가 높을수록 파장이 짧은 전자기파를 방출합니다. 파란 불꽃의 온도가 빨간 불꽃의 온도보다 높은 것도 같은 이유입니다. 사람의 몸에서는 적외선이 나오는데, 온도에 따라 파장이 다릅니다. 이러한 성질을 이용한 것이 귀 체온계입니다.

요리사들은 총처럼 생긴 온도계로 프라이팬의 온도를 측정하는데, 이것도 같은 원리를 이용한 것입니다.

서미스터

물체의 온도가 높아지면 전기저항이 커져서 전류가 잘 흐르지 못하는 성질을 이용한 것입니다. 이번에 스테이크를 구울 때 꽂아서 사용했던 온도계가 여기에 해당됩니다.

눈높이 맞춤 학습법

유아나 초등 저학년의 경우에는 온도의 차이에 따라 느낌이 다르다는 것을 경험해 보도록 합니다.

초등 고학년에게는 용도에 따라 다양한 온도계가 있다는 것을 알려 줍니다.

중학생이라면 온도나 용도에 따라 사용하는 온도계가 과학의 어떤 성질을 이용하여 온도를 측정하는 것인지 아이가 찾아보도록 도와줍니다.

교과과정

— **초등 5학년** 열과 우리 생활(온도 측정)
— **중등 1학년** 열

요리용 저울의 구조

미르에게 과자를 구워줄지 물어보았더니 저울부터 먼저 내오네요. 밀가루와 함께 다른 재료들을 준비하고는 저울에 밀가루부터 올려놓았습니다. 미르는 어깨너머로 쿠키 레시피를 보면서 저울도 같이 쳐다봅니다.

"엄마, 밀가루를 좀 더 넣어야겠는데? 아직 바늘이 200을 가리키지 않았어."

"그래? 그러면 밀가루를 더 추가해야겠네. 그런데 미르야. 밀가루를 접시에 더 올려놓으면 접시는 아래로 내려가는데 바늘은 왜 돌아갈까?"

"글쎄…. 왜 그렇지?"

"엄마도 궁금한데 한번 열어볼까?"

과자를 굽는 동안 저울 속을 들여다보기로 했어요.

저울의 원리

예전 어른들은 레시피도 없이 '적당히' 넣으라는 것이 참 어려웠을 겁니다. 재료의 양을 질량으로 표시한 레시피가 있으면 요리하기가 쉬워집니다. 부엌에서 사용하는 지시저울에는 전자저울과 바늘저울이 있습니다. 바늘저울은 접시 위에 물체를 놓으면 바늘이 돌아가는 저울로, 아이와 함께 열어서 내부를 살펴보면 재미있는 놀이가 되기도 합니다.

저울의 윗 접시에 물체를 올려놓으면 저울 내부에 있는 용수철을 누르게 됩니다. 용수철에는 기다란 톱니가 달려 있는데, 이 톱니는 저울 눈금의 바늘과 연결된 둥근 톱니바퀴에 맞물려 있습니다. 용수철이 눌리면서 용수철에 달려 있는 톱니가 아래로 움직이면서 둥근 톱니바퀴에 달려 있는 계기판의 바늘을 돌립니다. 학교에서 발명 작품을 만들면 직선운동을 회전운동으로 바꾸거나 회전운동을 직선운동으로 바꾸는 작업을 할 때가 많습니다. 저울 속을 살펴본 아이라면 필요할 때 응용할 수 있게 되겠죠.

좀 더 정확하게 계량하기 위해서는 전자저울이 좋습니다. 하지만 아이들이 이해하기에는 원리가 어렵기 때문에 저울의 원리가 다르다는 정도만 알고 있어도 충분합니다. 물체를 저울에 올려놓으면 전류가 흐르는 저항체를 누르게 되고, 눌린 저항체는 모양이 바뀌게 됩니다. 전기저항은 가늘고 길수록 커집니다. 변화된 전기저항을 측정하여 눌리는 힘을 숫자로 표시합니다.

큰 질량을 잴 때는 변형이 어려운 저항을 사용합니다. 작은 질량을 잴 때는 변형이 쉬운 저항을 사용해서 섬세하게 측정할 수 있습니다.

전자저울에는 잴 수 있는 질량의 범위가 표시되어 있는 것입니다.

저울에 대한 생각할 거리

① 다른 저울에는 어떤 종류가 있을까?

② 양팔저울의 원리는 무엇일까?

③ 전자저울은 어떻게 질량을 잴까?

④ 질량 단위를 정하는 플랑크 저울의 원리

위의 생각할 거리 중 네 번째는 과학책을 많이 읽은 아이라면 들어본 적이 있겠지만 원리는 대학 수준의 물리를 알아야 이해할 수 있으므로 궁금증만 키우는 것도 좋은 방법입니다.

눈높이 맞춤 학습법

유아나 **초등 저학년**의 경우에는 저울 위에 올라가 몸무게를 재면 몸무게가 무거울수록 큰 숫자가 표시된다는 것을 알려 줍니다.

초등 고학년에게는 무게를 잴 수 있는 다양한 도구가 있다는 것을 알려 줍니다. 그리고 양팔저울과 시소를 비교하면서 저울의 원리를 알아가도록 합니다.

중학생이라면 무게와 질량은 다른 양이며, 혼동하는 사람이 많은 이유에 대해 생각해 보도록 합니다.

교과과정
- **초등 3학년** 힘과 우리 생활(무게)
- **중등 1학년** 힘의 작용(중력)

인덕션 조리도구

저녁 식사를 준비합니다. 음식마다 적절한 조리 기구를 사용하면 편리하기도 하고 음식의 맛도 좋아집니다.

"미르야, 오늘은 고기 구워 먹자."

"와, 아빠 오시면 식탁에서 구우면서 먹고 싶어."

"그러자. 그러면 식탁에 있는 인덕션에서 고기 굽게 팬을 꺼내 줄래?"

미르가 식탁에서 고기를 구울 때마다 사용하는 팬을 꺼내 오네요.

"식탁에서 고기 구울 때 쓰는 팬 맞지?"

"응. 인덕션 히터를 이용하려면 이 팬을 써야 뜨거워지거든. 라면을 끓일 때 사용하는 알루미늄 냄비는 인덕션 히터에서 뜨거워지지 않아."

전기밥솥

전기난로처럼 저항이 있는 전선에 전류가 흐르면 열이 발생합니다.

전기밥솥은 보통 본체에 있는 전선에 전류가 흐르면 뜨거워집니다. 본체에서 전류에 의해 가열된 판으로부터 안에 들어 있는 내솥의 바닥에 열을 전달하여 내솥이 뜨거워집니다. 가스나 아궁이에서 만들어진 열이 솥에 전달되는 것과 같은 원리입니다.

유도 가열(induction heating: IH) 방식 밥솥

크기와 방향이 바뀌는 전류가 있으면 주변에 있는 회로에 전류가 만들어지는 현상을 전자기 유도 현상이라고 합니다. 전자기 유도에 관해서는 부록에서 더 자세히 다루었습니다.

집에서 사용하는 전류는 크기가 변하는 교류 전류로, 진동수는 60회입니다. 교류 전류가 외솥 몸체의 아랫면과 옆면에 흐르면 외솥에 흐르는 전류가 계속해서 변하기 때문에 외솥 또한 변하는 자기장이 만들어집니다.

내솥에는 외솥이 만든 크기가 변하는 자기장이 통과하면서 유도 전류가 생깁니다. 그리고 내솥에 유도 전류가 흐르면 내솥에 포함된 저항 성분(철 성분)에 의해서 열이 발생하게 됩니다. 유도 가열 방식 밥솥은 옆면까지 가열할 수 있기 때문에 솥을 통째로 가열하는 방식이라고 광고합니다.

가마솥은 아래가 둥근 구조로 되어 있어 불을 지피면 솥 전체가 가열됩니다. 가열 방식은 다르지만 인덕션 밥솥을 광고할 때 가마솥 밥맛을 재현한다고 하는 이유입니다.

인덕션 히터

인덕션 히터는 유도 가열 방식 밥솥과 같은 원리입니다.

　인덕션 히터 위에 철 성분이 많고 바닥이 평편한 냄비를 올려놓은 다음 전원을 켜면, 1초에 60번 방향이 바뀌는 전류가 흐르게 됩니다. 인덕션 히터에 크기와 방향이 바뀌는 전류가 흐르게 되면 크기와 방향이 계속 바뀌는 자기장이 생깁니다. 이렇게 변화하는 자기장이 냄비 바닥에 유도 전류가 흐르도록 만듭니다. 철은 저항이 크기 때문에 철 성분이 많은 냄비 바닥에 유도 전류가 흐르게 되면 열이 발생합니다. 인덕션용으로는 무쇠팬이 자주 사용되는데 인덕션 히터에서 아주 잘 작동합니다. 인덕션 히터는 IH전기밥솥의 외솥과 같은 역할을 하고, 냄비는 내솥과 같다고 볼 수 있습니다.

　전류가 매우 잘 흐르는 물질로 만들어진 금속 냄비의 경우에는 저항이 거의 없습니다. 따라서 열을 발생시키지 않으므로 뜨거워지지 않습니다. 또한 전류가 거의 흐르지 않는 뚝배기를 올리고 전원을 켜도 냄비가 뜨거워지지 않습니다. 사진의 인덕션 히터는 이런 경우 경고음이 울리고 자동으로 꺼지는 기능을 가지고 있습니다.

유아나 초등 저학년의 경우에는 조리도구에 따라 열원이 다르다는 사실을 알려 줍니다.

초등 고학년에게는 인덕션 열원에 사용 가능하거나 사용할 수 없는 조리도구의 차이를 보여 줍니다.

중학생이라면 전자기 유도 현상으로 가열할 수 있으며, 무선 충전기와 무선 전기포트도 같은 원리라는 것을 이야기해 봅니다.

📖 **교과과정**
— **초등 6학년** 전기의 이용
— **중등 2학년** 전기와 자기

김치 속에 숨어 있는 7가지 과학 원리

식탁에 가장 자주 나오는 음식 중 하나는 김치입니다. 매운 걸 잘 먹지 못하던 어린 시절, 김치를 먹을 때마다 식구들이 응원해 주던 기억이 아직까지도 생생합니다.

배추와 양념으로 정성껏 만든 김치가 시간이 지날수록 더 맛있어지는 건 과학을 잘 이용한 조상님의 덕분이라고 할 수 있습니다. 부지런해서 장독을 잘 닦아주는 집의 김치와 장이 맛있다던 예전 어른들의 말씀이 그냥 하신 말씀이 아니란 걸 알 수 있습니다.

김치를 담글 때도 아이들에게 같이 하자고 하면 과학 공부를 놀이처럼 할 수 있어요. 김치에는 7가지 과학 원리가 숨어 있답니다.

1. 소금물의 농도

김치를 담을 때면 친정어머니께 물려받은 보메 비중계를 한 번씩 소중하게 꺼내 보곤 합니다.

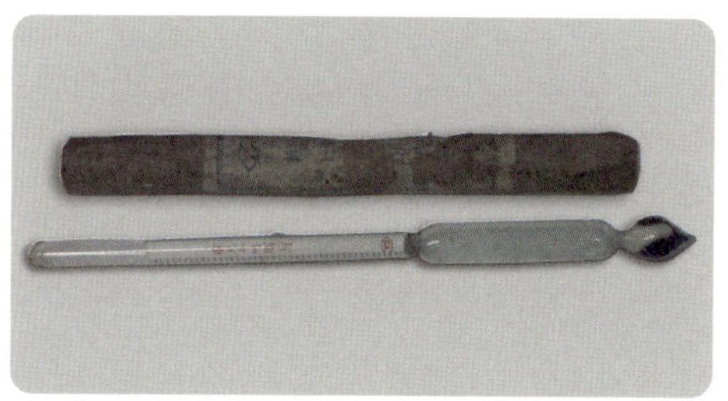

⬆ 보메 비중계

얼마나 오래된 것인지도 알 수 없는 비중계인데, 어머니께서 장을 담그실 때마다 사용하시던 것입니다. 어머니께서는 장을 담글 때 보메 비중계로 17이 되도록 소금을 녹이고, 날씨가 더울 때는 18

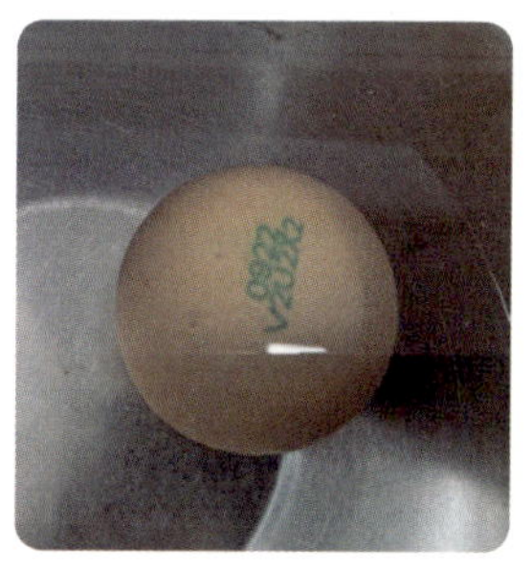 

⬆ 물에 가라앉은 달걀(왼쪽)과 소금물에 떠 있는 달걀(오른쪽)

정도로 녹이면 된다고 하셨습니다. 비중계가 없으면 달걀이 떠오른 부분이 동전만큼 보일 때까지 소금을 녹인다고 하셨습니다.

소금을 넣지 않은 물에 달걀을 넣으면 가라앉지만, 소금을 녹일 수록 달걀이 조금씩 떠오릅니다. 장을 담거나 김치를 절일 때 아이들과 해 보면 재미있고 신기한 놀이가 됩니다.

달걀이 떠 있는 소금물을 페트병에 부어 비중계를 넣어 보았더니 16입니다.

보메 비중계는 액체비중계의 한 종류입니다. 유리나 금속으로 만든 관의 아랫부분을 볼록하게 만들고, 그 밑에 수은 또는 납 조각을 넣어 액체 속에 세워두면 자체 무게와 부력이 균형을 이룰 때 액체의 표면에 닿은 눈금으로 비중을 측정합니다.

보메 비중계로 염도를 잴 수 있는 원리를 알아보겠습니다. 콩과 깨를 섞으면 콩 사이사이에 깨가 들어가 각각의 부피를 합한 것보다 작아집니다. 이와 같이 소금물도 물과 소금 각각의 부피를 합한 것보다 작아집니다. 질량은 같지만 부피가 작아졌으므로 밀도가 커집니다. 소금물은 밀도가 커지면 소금물이 물체를 밀어 올리는 힘(부력)이 커집니다.

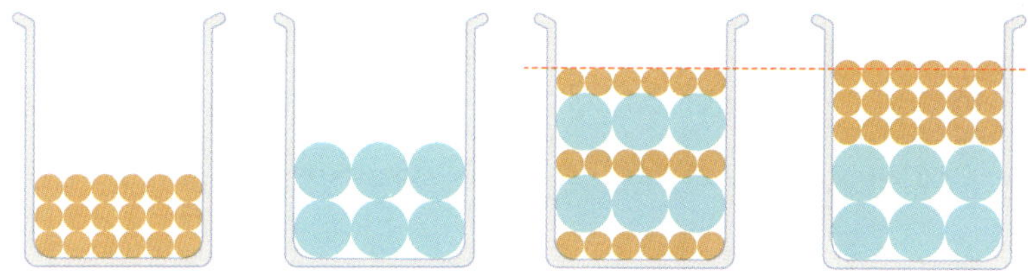

물속에 소금이 많이 녹아 있는 정도를 '염도'라고 하는데 염도가 높을수록 밀도가 더 커집니다. 달걀이 떠 있는 부분의 크기로 염도를 측정하는 원리는 염도가 높을수록 소금물의 부력이 커지는 성질을 이용한 것입니다.

2. 삼투압

반투과성 막을 통해 농도가 낮은 곳에서 농도가 높은 곳으로 물이 이동하는 현상을 '삼투압'이라고 합니다. 배추를 소금물에 담아 두면 농도가 낮은 배추로부터 농도가 높은 소금물로 물이 이동합니다. 배추 속의 수분이 바깥으로 빠져나가므로 배추의 부피가 줄어들고 부드러워집니다.

시든 배추를 맑은 물에 담가 놓으면 다시 통통해지는 것도 삼투압 현상 때문입니다. 배추보다 물의 농도가 상대적으로 낮기 때문에 물이 배추 속으로 들어간 것입니다.

배추를 소금물에 절이지 않고 양념을 버무릴 경우, 삼투압에 의해 배추의 물이 양념으로 흘러나와 물김치처럼 물이 너무 많이 생기게 됩니다. 또한 양념은 배추 속으로 거의 들어가지 않습니다.

배추를 소금에 절이고 나서 3~4시간 후, 배춧잎 하나를 떼어 맑은 물에 씻어서 맛을 봅니다. 간간하게 맛이 있다 싶을 때 두 번 정도 맑은 물에 씻어서 체에 건져 둡니다.

김장용 김치는 소금물 15~20%의 농도에서 6~8시간 동안 절이는 것이 좋다고 합니다. 하지만 온도가 높을수록 절여지는 시간이 짧아지므로 경험에 따라 시간을 조절해야 합니다.

잘 절여진 배추에 양념을 버무리면, 소금으로 간이 된 배추의 농도가 높기 때문에 양념이 배추 속으로 잘 들어가게 됩니다.

3. 양념

배추 속으로 양념이 들어가면 미생물이 활동하기 시작합니다. 특히 잘 발효된 젓갈에는 풍미를 내도록 활동하는 미생물이 많이 들어 있습니다.

고추에 있는 캡사이신은 항산화 작용을 해서 김치가 쉽게 물러지지 않도록 해 줍니다. 그런데 고추는 18세기 중엽부터 김치에 사용되어 왔다고 합니다. 그 이전에는 초피 열매를 갈아 김치에 넣었다고 하는데, 초피 역시 항산화 작용을 합니다. 영덕 쪽에 사는 제 친구는 어머니가 아직도 김치에 초피를 넣는다고 해서 실제로 얻어 먹어 본 적이 있습니다. 양념에 같이 넣는 찹쌀 풀은 효모와 젖산균이 잘 자라도록 돕는 양식이 되어 줍니다.

4. 발효와 소금

소금은 양념과 함께 발효 과정에서 큰 역할을 합니다. 소금 속의 마그네슘염은 배추의 단단한 조직을 더 단단하게 해서 아삭한 식감을 더해 줍니다. 게다가 소금은 유해한 미생물의 생육을 억제시킵니다. 나쁜 냄새나 조직을 무르게 하는 물질을 만들어 내는 미생물들은 주로 공기가 있는 곳에서 번식하지만, 농도가 약 7~8% 정도의 소금물에서는 거의 죽게 됩니다.

젖산균은 공기를 사용하지 않고 번식하며 비교적 높은 농도의 소금물에서도 잘 견딥니다. 젖산균은 배추 속의 글루코스 같은 당류를 분해해서 잡균이나 유해 세균의 생육을 막아 주는 젖산을 만듭니다. 이러한 젖산균에는 다양한 종류가 있습니다.

젖산이 많이 만들어지면 산성(pH 4 부근)을 띠기 때문에 약간 시큼한 맛이 납니다. 생선을 부패시키는 미생물은 중성에서 살 수 있기 때문에 김치 속의 생선은 상하지 않고 모양도 그대로 유지할 수 있는 것입니다.

5. 옹기

옹기에는 만드는 과정에서 물은 통과시키지 못하지만, 공기는 통과할 수 있는 크기의 미세한 작은 구멍들이 있습니다.

젖산이 발효하는 과정에서 이산화탄소가 생성되는데, 이산화탄소는 톡 쏘는 시원한 맛을 내지만 너무 많이 생긴 이산화탄소와 불순물은 맛을 나쁘게 만듭니다. 과하게 생긴 이산화탄소와 기체 상태의 불순물은 옹기의 구멍을 통해서 밖으로 배출됩니다.

6. 발효 온도

영하 2°C 부근에서 3주 간 보관하면 김치가 맛있게 익습니다. 김치는 소금으로 간을 했기 때문에 어는점이 0°C보다 낮으므로 영하 2°C에서도 얼지 않고 맛있게 발효됩니다. 겨울에 김칫독을 땅에 묻으면 온도도 거의 변하지 않고 공기가 차단됩니다.

김치냉장고 아래쪽에 넣고 뚜껑을 닫아 두면 김치냉장고의 문을 열더라도 비슷한 조건이 됩니다.

7. 김치를 맛있게 보관하는 방법

식구가 많지 않으면 직접 김치를 담그기보다는 구입하거나 본가에서 얻어먹는 경우가 많습니다. 이때에도 김치 맛의 원리를 안다면 좀 더 맛있게 보관해서 먹을 수 있습니다.

작은 독에 김치를 꾹꾹 눌러 담은 뒤, 맨 위에는 배추의 가장 바깥쪽의 푸른 잎을 뚜껑처럼 덮고 온도가 잘 변하지 않는 냉장고 아래 뒤쪽에다 보관하는 겁니다. 며칠 먹을 만큼씩 덜어내어 먹으면 맛있게 먹을 수 있습니다.

독을 구하기 힘들다면 유리용기에 넣고 꾹 눌러서 사이사이에 공기가 들어가지 않게 해서 보관하면 좋습니다. 공기가 많이 닿는 부분에는 나쁜 냄새와 상하게 하는 호기성 미생물이 다시 자라서 김치의 맛을 나쁘게 하기 때문입니다.

놀이터에서

아이들과 함께 가까운 동네 놀이터나 놀이공원에 가면 아이들이 좋아하는 것들이 아주 많습니다. 함께 놀이를 즐기면서 엄마가 틈틈이 "이건 왜 이럴까?"라는 한 마디를 더해 보세요. 처음에는 의무적으로 질문하는 것에 불과하겠지만 어느 순간부터는 엄마도 궁금해지기 시작할 거예요. 이 책에 나오지 않은 것도 궁금해지고, 자연스럽게 아이들의 호기심을 키워주며 이야깃거리가 많아질 겁니다.

좋아하는 놀이에 과학 한 스푼 추가하면 아이들은 과학에 친근해지고 조금 더 가까이 다가갈 수 있을 거예요.

달콤한 솜사탕

놀이공원에서 사람들이 솜사탕을 손에 들고 다니는 것을 발견한 미르와 나. 순간 눈이 반짝였어요. 아빠도 이를 눈치 채고 솜사탕 파는 곳을 찾아냈네요.

"솜사탕은 무엇으로 만들어?"

"가서 직접 확인해 보자."

빙글빙글 돌아가는 솜사탕 기계에 설탕 가루를 솔솔 뿌리니 하늘하늘 실처럼 솜사탕 가닥이 나오네요. 바라보고 있자니 침이 꼴깍 넘어갑니다.

"뜨거운 판에 설탕 가루가 닿으니까 녹나 봐."

"엄마, 설탕이 어떻게 실처럼 막 날아다녀?"

"자동차가 물 옆으로 지나가면 바퀴가 돌면서 물이 확 뿌려지지? 저기 판도 돌고 있으니까 녹은 설탕이 공중으로 뿌려져 실처럼 되나 봐."

솜사탕이 완성되자 각자 하나씩 들고 신나게 놀이공원을 돌아다녔어요.

솜사탕의 원리

사람을 설레게 하는 솜사탕에는 아주 간단한 원리가 숨어 있어요.

가는 실 끝에 돌멩이를 매달고 돌려본 적이 있을 거예요. 이때 실을 잡고 있던 손이 잡아당기는 힘이 구심력이 되어 돌을 회전시 킵니다. 그런데 돌을 점점 빨리 돌리다 보면 어느 순간 실이 뚝 하고 끊어집니다. 돌을 빨리 돌리려면 큰 구심력이 필요하므로 실에 큰 힘을 주다 보면 실이 끊어지는 겁니다. 실이 끊어지는 순간, 돌멩이는 움직이던 속력과 방향으로 날아가게 됩니다.

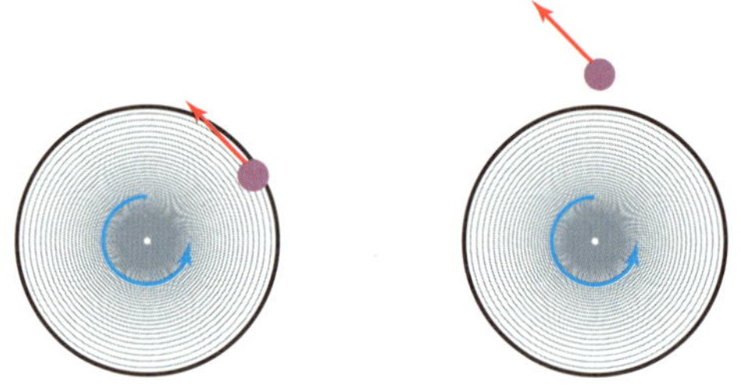

위의 그림은 돌아가는 뜨거운 판에 붙어 있던 녹은 설탕이 빠르게 돌아가는 속도 때문에 더 이상 통에 붙어 있지 못하고 돌아가던 속도로 쭉 앞으로 나가는 현상을 나타낸 것입니다. 빨리 돌릴수록 구심력이 커야 하는데 녹은 설탕이 옆면에 붙어 있지 못할 만큼 빨리 돌면, 녹은 설탕은 통에 더 이상 붙어 있지 못해서(구심력이 사라져서) 쭉 앞으로 나가게 됩니다. 관성의 법칙에 의해 더 이상 작용하는 힘이 없어서, 돌면서 생긴 속도 방향으로 똑바로 가다 보니 통 밖으로 나오는 것입니다. 구심력은 돌게 하는 힘이고, 이 힘이 사라지는 순간 돌고 있는 속도로 직선운동을 하게 됩니다.

세탁기의 탈수도 같은 원리입니다. 원심력이 작용한 것이 아니라 구심력이 사라지면서 세탁조 밖으로 물이 나오는 것입니다. 일반적으로 원심력으로 설명하기도 하는데 과학적으로는 틀린 설명이지만 아이들에게 너무 엄밀한 표현을 강조할 필요는 없습니다.

원심력

원심력에 의해 밖으로 나간다고 설명하는 글들을 자주 접할 수 있는데, 명확하게 말하자면 틀린 설명입니다.

구심력만 실제 존재하는 힘이고, 원심력은 가상의 힘입니다. 회전하는 공간에서는 뉴턴의 운동 법칙이 맞지 않지만 맞는 것처럼 묘사하기 위해 도입한 가짜 힘이 원심력입니다.

예를 들어, 차에 탔을 때 차가 회전하면 머리는 바깥쪽으로 쏠립니다. 회전하고 있는 공간 속에서 설명하자면 원심력이 작용하여 머리가 바깥쪽으로 쏠린다고 가짜 힘으로 설명할 수밖에 없습니다.

회전하는 차의 바깥에서 사람을 살펴보면 사람은 차의 속력으로 같이 운동하다가 차가 회전하면 의자가 엉덩이를 당기면서 구심력이 작용하여 회전하는 것이나 몸의 다른 부분, 즉 머리는 똑바로 가려고 하는 것입니다.

유아나 **초등 저학년**인 경우 솜사탕 기계를 신기해하면서 기계에 넣은 설탕이 녹아서 실처럼 만들어지는 과정을 꼼꼼하게 구경하면 됩니다.

초등 고학년이면 끈에 묶여 회전하고 있는 물체의 끈이 떨어지면 물체가 날아가게 되고, 탈수기가 물기를 제거하는 현상과 줄에 매달린 돌멩이가 날아가는 것은 같은 원리라는 것을 알려 줍니다.

중학생이라면 구심력이 없어지면 운동 방향과 속력을 유지하며, 회전하는 운동의 경우 물체에 한 일이 없다는 것을 이해하고 있어야 합니다.

📖 교과과정

— **초등 3학년** 물체와 물질
— **중등 3학년** 운동과 에너지

착시를 일으키는 신비한 그림

동네에 있는 공룡 공원을 찾아갔어요. 공룡 모형을 신나게 본 미르는 바닥에 그려진 한 그림 앞에서 사진을 찍기로 했어요. 미르는 바닥에 그려진 그림을 이리저리 살펴보며 신기해하네요.

"이 그림 기다란 게 이상하게 생겼어."

"미르야, 이건 바닥에 그린 그림을 사진으로 찍어 보면 마치 옆에 서 있는 것처럼 보이도록 그린 거야."

"앞에서 보면 수달처럼 보이는데, 옆에서 보면 수달이 아닌 것처럼 보이네?"

"멀리 있는 건 작게 보이니까 길게 그려 놓았기 때문에 옆에서 보면 이상하게 보이는 거야."

실제로 사진을 찍어 보니 수달은 가까이 서 있는 것 같고, 수달 뒤에 보이는 오리는 멀리서 떠 있는 것처럼 보입니다.

"엄마, 사진은 진짜 수달 같아."

"응, 우리 눈은 두 개라서 좀 더 정확하게 구별할 수 있는데 사진은 카메라가 한 개라 옆에 있는지 멀리 있는지 잘 구별하지 못하는 거야."

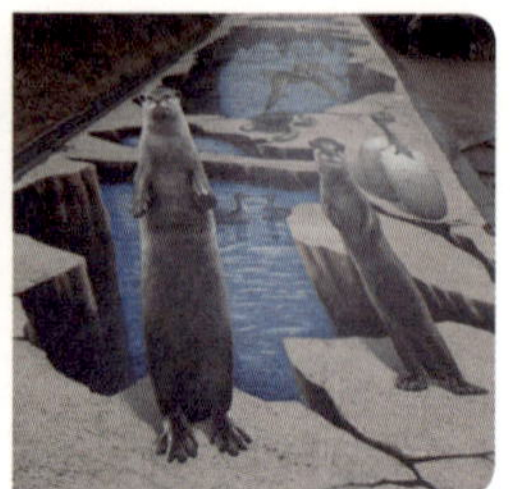

눈과 사진의 차이

우리 눈은 한 눈과 물체의 아래와 위 양 끝이 이루는 각도로 크기를 인지하고, 두 눈과 물체의 중심이 이루는 각으로 거리를 느낍니다. 다시 말하면 가까운 물체일수록 각각의 눈과 물체 사이의 각도가 커져서 왼쪽 눈은 물체의 왼쪽 부분을 더 많이 볼 수 있는 것처럼, 보이는 부분도 달라지기 때문에 가깝다고 느끼게 됩니다. 그러나 사진에서는 카메라 렌즈와 물체 양 끝점 사이의 각도로 크기만을 표현할

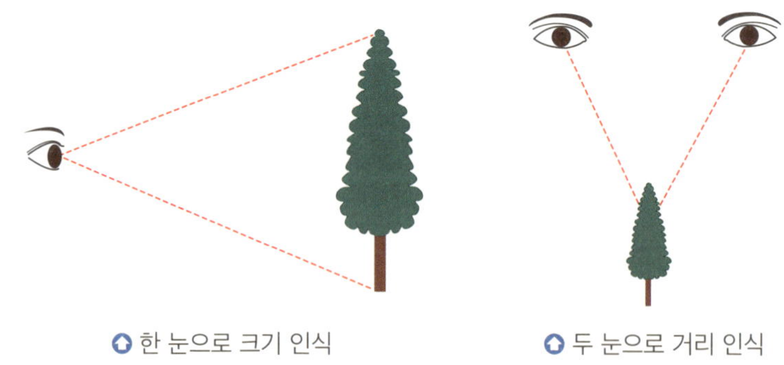

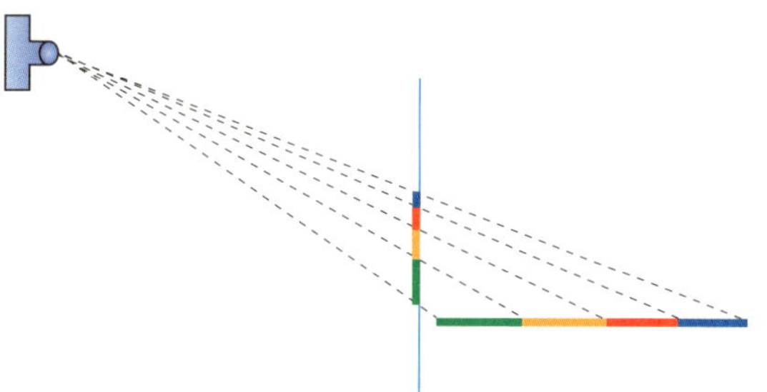

수 있습니다.

위의 그림은 서 있는 물체를 파란색, 빨간색, 노란색, 초록색으로 나타낸 것입니다. 서 있는 것처럼 보이도록 이 물체를 바닥에 그린다고 할 때, 빨간색 부분을 그린다면 카메라로부터 빨간색 양 끝을 잇는 두 선을 바닥까지 연결한 뒤 이 부분에 그리면 됩니다.

88쪽의 사진에서 왼쪽에 서 있는 수달의 팔 부분을 옆에서 보면 팔은 길게 늘여져 있고, 뒤에 있는 오리는 평소의 모습과 비슷하고 작게 그려 놓았습니다. 이를 사진으로 찍어서 보면 수달은 짧은 두 팔을 앞으로 뻗고 있고, 오리는 멀리 있는 것처럼 인식하게 됩니다. 평소에 보았던 오리의 크기보다 상대적으로 작아 보이기 때문에 마치 멀리 있는 것처럼 느껴집니다. 양쪽 눈으로 보는 원근감보다는 부족하지만 상대적인 크기를 이용해서 원근감을 느끼도록 한 것입니다.

자동차의 사이드 미러를 자세히 보면, "사물이 거울에 보이는 것보다 가까이 있습니다."라고 적혀 있습니다. 볼록거울에서는 물체가 작아 보이기 때문에 멀리 있는 것처럼 느껴지는 경험을 해 보셨을 겁니다. 실제 보던 차의 크기보다 작아 보이면 멀리 있다고 느끼기 때문에 경험으로 거리를 인식해서 사고가 나지 않도록 적어 둔 문구입니다.

유아나 초등 저학년인 경우 아이들이 먼 곳에 있는 것과 가까운 곳에 있는 것이 다르게 보인다는 것을 충분히 즐길 수 있도록 천천히 놀기만 하면 됩니다.

초등 고학년이면 두 눈과 한 눈으로 보이는 풍경의 차이를 경험해 보고 사진과 그림의 한계를 이야기해 봅니다.

중학생이라면 눈의 특징과 사진의 차이를 비교하면서 호기심을 가지면 좋습니다.

교과과정

— **초등 5학년** 우리 몸의 구조와 기능

— **중등 3학년** 자극과 반응(시각)

알록달록 비눗방울

놀이공원에 가게 되면 솜사탕도 먹지만 비눗방울도 빠질 수 없는 아이템이죠. 알록달록한 무지개 빛깔로 반짝이는 비눗방울을 보다 보면 어른들도 그 매력에 빠질 수밖에 없습니다.

"엄마, 비눗방울에 알록달록 무지갯빛이 보여."

"비눗방울이 얇아서 무지갯빛이 생기는 거래. 엄마도 책에서 읽은 적이 있어."

신나게 비눗방울을 불다 보니 어느덧 비눗방울 물을 다 쓰고 말았어요. 미르는 몹시 아쉬워하네요.

"미르야, 집에 가서 같이 비눗방울 물을 만들어 보자."

"만드는 방법 알고 있어?"

"모르지만 인터넷을 검색해 보면 알 수 있겠지?"

집에 도착한 후 비눗방울 물을 만드는 방법을 함께 검색해 보았습니다.

"엄마, 물과 글리세린, 그리고 물비누 넣으래."

"검색한 대로 비율을 1:3:1로 해서 넣어 보자. 글리세린도 약국에서 사와야겠다.”

“글리세린은 왜 넣는 거야?”

“물이랑 물비누만 넣어도 돼. 미르가 세수한 다음에 로션을 바르면 얼굴이 계속 촉촉하지? 마찬가지로 글리세린을 넣으면 비눗방울에 있는 물이 쉽게 마르지 않아서 비눗방울이 잘 터지지 않는 거야.”

터지지 않는 비눗방울

세제에 들어 있는 계면활성제는 한쪽은 물과 잘 결합하고 다른 한쪽은 기름과 잘 결합하는 성질을 지니고 있습니다. 계면활성제의 한쪽은 물과 결합하고 나머지 한쪽은 공기 쪽을 향해 있어서, 물이 모이려는 힘을 줄이기 때문에 물을 얇은 막으로 만들게 됩니다.

설탕이나 올리고당을 넣어도 비눗방울을 오래 유지할 수 있습니다. 설탕이나 올리고당은 물과 쉽게 결합해서 물의 점도를 높여 주어 비눗방울의 모양을 잘 유지하도록 도와줍니다. 생크림을 저어 거품을 낼 때 설탕을 넣으면 거품이 잘 유지되는 이유이기도 합니다.

비누막의 두께는 약 1000분의 1mm 정도로 얇기 때문에 공기 중에서 물이 쉽게 증발하여 비눗방울이 터지게 됩니다. 따라서 화창한 날에는 비눗방울이 빨리 사라지지만, 습기가 많은 날에는 비눗방울이 오래 유지될 수 있습니다.

설탕과 비슷한 이유로 글리세린을 넣으면 글리세린이 물과 약한 수소결합을 함으로써 물이 증발하는 것을 늦추어 비눗방울이 오래 유지됩니다. 글리세린이나 화장품의 보습제가 피부의 수분을 오래 유지시켜 주는 것도 이러한 이유 때문입니다.

비눗방울의 무지갯빛 색의 원리

아주 얇은 비눗방울의 겉면에서 반사한 빛과 비눗방울 안쪽 면에서 반사한 빛이 만나 합쳐지면 특별한 파장의 빛만 강하게 보입니다. 비눗방울의 두께에 따라 보이는 색이 다르므로 알록달록한 무지갯빛이 보이는데, 이는 빛의 간섭 효과에 의한 것입니다. 얇은 비닐막이나 물 위의 얇은 기름 막에 무지갯빛이 생기는 이유도 이와 같습니다.

눈높이 맞춤 학습법

유아나 초등 저학년인 경우 비눗방울은 세제와 물로 만들 수 있다는 것을 알려 줍니다.

초등 고학년이면 계면활성제의 성질과 연관 지어 마요네즈나 세탁의 원리에 관해서 이야기를 나누어 봅니다.

중학생이라면 빛의 간섭에 의해 얇은 막에 알록달록 무지갯빛이 보인다는 것을 알려 줍니다.

교과과정

— **초등 4학년** 물의 상태 변화(물의 증발)
— **중등 1학년** 물질의 상태 변화
— **중등 2학년** 빛과 파동

야구에서 배우는 달콤한 스위트 스폿

여름 내내 응원하는 프로 야구팀의 승패에 따라 기분이 달라지곤 합니다. 야구를 좋아하는 미르도 같이 응원하면서 야구 경기를 시청하고 있어요.

가볍게 방망이를 휘두른 선수의 공이 펜스를 넘기면서 홈런이 되었어요. 중계하던 해설자가 "스위트 스폿에 맞았군요."라고 설명을 덧붙입니다.

"엄마, 난 방망이를 세게 휘둘러도 공이 멀리 가지 않던데…."

"홈런 친 선수는 공을 방망이의 스위트 스폿에 맞춰서 공이 멀리 날아간 거야. 공을 쳐도 손이 거의 아프지 않고 공도 멀리 날릴 수 있는 위치가 있어."

"나는 그때 손도 많이 아팠어."

"그래, 아빠가 골프 연습할 때 공이 앞으로 데구루루 굴러가는데도 손을 아파하셨지?"

"응, 맞아."

"골프채 가운데 스위트 스폿이라는 곳에 공이 맞으면 공이 멀리 날아가고, 손도 전혀 아프지 않아.”

스위트 스폿

스포츠에서 사용하는 스위트 스폿sweet spot은 손에 충격을 주지 않고 공이 멀리 날아갈 때, 채나 방망이에 맞는 공의 위치를 말합니다. 무조건 세게 휘두르는 것보다 스위트 스폿에 잘 맞추면 더 멀리 잘 날아가는 공을 칠 수 있습니다.

방망이를 잡은 손에 충격을 느끼지 않고 공을 치기 위해서는 공을 맞춰야 하는 방망이의 위치(스위트 스폿)가 정해져 있습니다. 그런데 물리학 전공자가 아니라면 이 위치를 계산하기가 쉽지 않습니다. 간단하게 스위트 스폿의 원리를 이해할 수 있도록, 거꾸로 공이 방망이에 맞았을 때 어느 위치에 손을 잡고 있어야 충격을 느끼지 않는지 실험해 보겠습니다. 대학 물리학을 공부해야만 이론을 이해할 수 있어서 소재에서 빼야 할지 고민했는데, 워낙 재미있는 소재라 실험으로 이해해 보도록 하겠습니다.

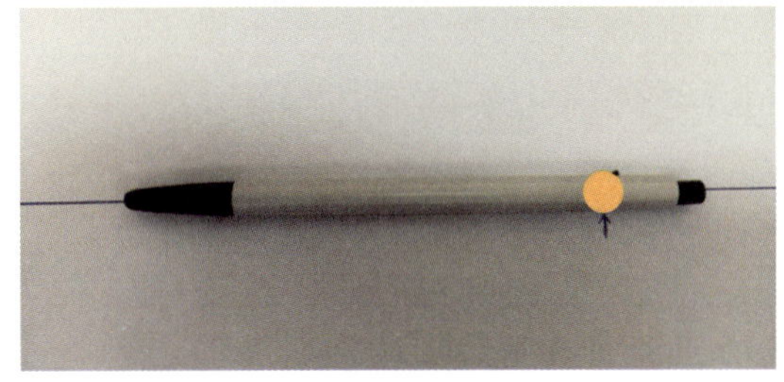

노란 점이 표시되어 있는 위치에 공이 맞는다고 생각하고 다른 펜을 이용해 툭 칩니다.

그러면 볼펜의 각 위치는 원래 있던 자리(줄이 그어진 위치)에서 벗어납니다.

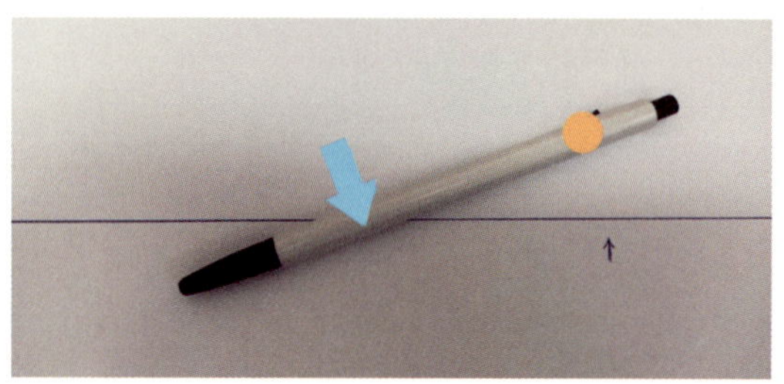

그런데 파란 화살표가 있는 한 곳만 원래 있던 자리에서 벗어나지 않았습니다. 이는 원래 볼펜이 놓여 있던 위치에 선을 그어 놓았기 때문에 쉽게 알 수 있습니다. 공이 방망이를 타격할 때 힘이 전달되어 파란 화살표가 표시된 곳을 제외한 모든 곳의 위치가 변했습니다.

파란 화살표가 표시된 곳을 손으로 쥐고 노란 점이 있는 위치에 공을 맞히면 공이 손에 충격을 주지 않아 별 감각을 느끼지 않을 겁니다.

모양에 따라 힘이 전달되지 않는 위치는 달라집니다. 이승엽 선수는 자신의 타격 습관에 따라 스위트 스폿에 공이 맞도록 방망이를 개인적으로 주문 제작해서 사용했다고 합니다. 박병호 선수는 스위트 스폿에 공을 맞히기 위해 스위트 스폿이 그려진 종이를 방망이에 붙이고 연습하는 장면이 찍히기도 했습니다.

유아나 초등 저학년인 경우 스포츠 경기를 보면서 스위트 스폿의 존재를 알려 줍니다.

초등 고학년이나 중학생이라면 스위트 스폿이 생기는 이유를 실험을 통해 이야기해 봅니다.

교과과정

— **대학물리**　　강체의 운동

추운 겨울 놀이터 미끄럼틀이 나무의자보다 차갑게 느껴지는 이유

추운 겨울이지만 미르는 놀이터에서 신나게 놀고 있어요. 장을 보고 오는 길에 놀이터에서 놀고 있는 미르에게 다가갔어요.

"엄마, 저쪽 의자에 앉아서 조금만 기다려 줘. 집에 같이 가자."

미르는 곧 노는 것을 정리하고 나무 의자 옆에 있는 쇠로 된 미끄럼틀에 앉았어요.

"와, 시원하다."

"미르야, 나무 의자보다 쇠로 된 미끄럼틀이 더 차갑지?"

"응, 여기가 훨씬 시원해."

"똑같이 추운 곳에 있더라도 만지면 더 차가운 것도 있고 별로 차갑지 않은 것도 있지?"

"응, 맞아."

쇠가 나무보다 차가운 이유

우리는 물체를 만질 때 온도가 낮은 물체일수록 차갑다고 느낍니다. 쇠로 만든 손잡이와 나무로 된 바닥이 같은 공간에 오래 있을 경우, 두 물체의 온도는 같습니다. 하지만 손으로 만져 보면 나무로 된 바닥보다 쇠로 만들어진 손잡이가 더 차갑게 느껴집니다.

쇠와 나무의 온도가 같다면 내 몸과의 온도 차이도 같습니다. 내 손에서 열이 빨리 빠져나가면 그 물체를 차갑다고 느끼는데, 열을 잘 전달하는 물체일수록 몸에서 열이 더 빨리 빠져나갑니다. 쇠는 나무보다 100배 정도 열을 더 잘 전달합니다. 즉 쇠를 잡은 손에서 열이 더 잘 빠져나가므로 쇠가 더 차갑게 느껴지는 것입니다.

나무 마루가 대리석보다 따뜻하게 느껴지는 이유

인테리어를 할 때 마룻바닥을 나무로 할지 대리석으로 할지 고민을 하게 됩니다. 추운 겨울 난방을 해서 온도가 체온보다 높을 때는 불편함을 느끼지 못합니다. 그러나 난방을 하지 않는 봄이나 가을, 날씨가 약간 쌀쌀할 때 대리석 바닥은 서늘하게 느껴집니다. 대리석은 열전도도가 높아 몸의 열이 대리석 바닥을 통해 빨리 빠져나가기 때문에 차갑게 느껴지는 것입니다. 서늘함을 느끼지 않으려면 마룻바닥을 열전도도가 낮은 나무 재질로 하면 좋습니다.

페이스트리 반죽에 사용하는 대리석 도마

요리 유튜브를 보다 보면 페이스트리 반죽을 대리석 도마 위에서

하는 것을 볼 수 있습니다. 멋져 보이기도 하지만 여기에는 이유가 있습니다. 페이스트리는 밀가루 반죽에 버터를 넣고 밀어서 접는 과정을 반복해서 얇은 밀가루 반죽 층 사이에 버터가 켜켜이 들어가게 만듭니다. 반죽이 끝난 뒤 오븐에서 구우면 밀가루 반죽 사이에 있는 버터 반죽이 덩어리가 되지 않고 종이 같은 빵을 만들 수 있습니다.

온도가 높은 상태에서 반죽하면 버터가 녹아서 밀가루와 섞여 버터 맛이 나는 덩어리 빵이 될 가능성이 커지고 페이스트리의 식감을 만들 수 없습니다. 따라서 페이스트리를 반죽할 때는 손에서 나온 열이 밀가루 반죽에 전달되어 반죽의 온도가 올라가지 않도록 열전도율이 큰 대리석 도마 위에서 합니다. 나무 도마보다 대리석 도마가 열을 빨리 빼앗아 반죽을 차갑게 유지할 수 있기 때문입니다.

열전도도와 열전도율에 대해서는 부록에서 더 자세히 설명하겠습니다.

유아나 초등 저학년인 경우 날씨가 추울 때 나무와 쇠로 된 물체를 만져 보고 느낌을 체험하도록 합니다.

초등 고학년이면 같은 공간에 있는 물체는 모두 온도가 같지만 우리가 느끼는 정도는 다를 수 있다는 것을 알려 줍니다.

중학생이라면 열전도도와 열전도율을 이해할 수 있도록 합니다.

📖 **교과과정**

— **초등 5학년** 열과 우리 생활

— **중등 1학년** 열(열의 전달)

입으로 분 풍선은 왜 하늘로 떠오르지 않을까요?

글지이쌤이 크리스마스 파티를 하기 위해 헬륨 가스와 풍선을 주문했대요. 이야기를 들은 미르는 풍선 놀이가 하고 싶은가 보네요.

"엄마, 우리도 풍선 불자."

"그래, 풍선 가지고 오렴."

집에 있던 고무풍선에 공기를 한가득 채워 불었어요. 미르는 방바닥을 뒹굴고 있는 공기가 가득 든 풍선들을 천장으로 던지며 놀았어요.

"헬륨 가스를 넣은 풍선들은 천장에 둥둥 떠다니는데, 우리가 입으로 분 풍선들은 방바닥에 있네."

"응, 다은이 생일에 갔을 때에도 풍선이 천장에 있어서 잡을 수 없었어."

"기체도 종류마다 뜨는 것도 있고 가라앉는 것도 있어. 그래서 요리할 때 사용하는 가스도 눈에 보이지는 않지만 둥둥 뜨기 때문에 가스 경보기가 천장에 위치해 있는 거야."

입으로 불 수도 있고 자전거 바퀴에 바람을 넣는 도구도 있는데, 헬륨 가스를 일부러 구입하는 이유는 무엇일까요?

헬륨 풍선과 부력

부력을 생각해 보면 풍선이 위로 떠오른다는 것은 풍선 안에 있는 공기가 주변보다 밀도가 작다는 것을 쉽게 알 수 있어요. 풍선 속에 들어 있는 헬륨은 공기보다 밀도가 작아서 천장으로 떠오르지만, 풍선을 입으로 불거나 바람 넣는 펌프를 사용해서 불면 풍선의 밀도가 공기보다 커서 위로 떠오르지 못하고 바닥에 가라앉게 됩니다.

그렇다면 왜 헬륨을 사용하는지 주기율표를 한번 볼까요? 아이들이 아직 학교에서 원자와 분자를 배우기 전이라도 우리말로 된 주기율표를 같이 살펴보면 좋습니다.

주기율표를 보면 수소는 1번, 헬륨은 2번, 질소는 7번 그리고 산소는 8번인데, 번호가 커질수록 더 무겁습니다. 공기는 대부분 질소로 구성되어 있으며, 사람이 내쉬는 숨에는 이산화탄소도 많이 포함되어 있습니다. 같은 부피의 공기에는 모두 같은 개수만큼의 공기 분자들이 있는데, 이때 분자 한 개의 질량이 작을수록 밀도가 작습니다.

뜨거운 공기도 차가운 공기 위로 떠올라요

헬륨이 아닌 보통의 공기 풍선도 공기 중에 떠오르게 하는 방법이 있어요.

프랑스의 몽골피에 형제는 물에 젖은 봉투를 뒤집어 촛불 위에서 말리다가 봉투가 붕 떠오르는 것을 발견했습니다. 두 형제는 여기에 착안하여 천과 종이로 만든 거대한 풍선 아래에 불을 피워 하늘을 나는 꿈을 이루게 됩니다.

⬆ 버너로 올라가는 비행선

비행선에 버너를 켜면 공기가 가열되어 부피가 커지면서 그중 일부는 비행선 밖으로 나오게 됩니다. 비행선 안의 공기는 바깥 공기와 같은 종류이지만 부피가 증가했기 때문에 바깥 공기보다 밀도가 작아지면서 떠오르는 겁니다.

유아나 초등 저학년 아이들이라면 풍선을 천장 가득 채워 놓고 즐기기만 해도 좋습니다.

초등 고학년이라면 질소가 대부분인 대기의 공기 알갱이보다 헬륨 알갱이가 더 가볍다는 것을 알려 주면서 부력은 물에만 작용하는 것이 아니라 공기에도 작용한다는 것을 이야기해 봅니다.

중학생이 되면 주기율표와 연결 지어 수소가 가장 가볍고 가격도 저렴하지만, 폭발의 위험이 있기 때문에 안전한 헬륨을 사용한다는 것도 알게 됩니다. 또한 보일의 법칙을 배우게 되면 압축해서 압력이 커질 경우 부피가 작아진다는 것을 알게 됩니다. 풍선에 들어갈 공기를 꾹꾹 눌러 부피를 줄이면 공기 압력(힘)이 세지기 때문에 단단한 통에 담겨 집으로 배송된다는 것도 알려 주면 좋습니다.

📖 교과과정

— **초등 4학년** 여러 가지 기체

— **중등 1학년** 힘의 작용(부력)

— **중등 2학년** 물질의 구성

바나나킥의 원리

아시안 게임에서 축구 우승을 하고, 세계적인 프로 축구팀에서 우리나라 선수들이 뛰어난 경기력을 보이고 있습니다. 미르도 친구들과 매주 토요일에 학교에서 축구를 배우고 있어요. 축구 수업을 마칠 때쯤 학교에 가 보았습니다.

"엄마! 나도 이제 바나나킥 차는 방법을 알았어."

"미르도 바나나킥을 찰 수 있게 된 거야?"

"아니, 아직은. 선생님께서 연습을 더 많이 해야 한다고 하셨어."

"그래서 열심히 연습했구나."

"응! 발끝으로 차는 게 아니라 여기, 여기 있지. 여기로 이렇게 차는 거래."

곧 내일이라도 멋진 바나나킥을 찰 수 있을 것만 같아 매우 신난 미르였어요.

마그누스 효과

땅에서 같은 높이에서 일어나는 현상의 경우, 높이가 거의 변하지 않아서 베르누이 정리를 다시 쓸 수 있습니다. 베르누이 정리는 부록을 참고하세요.

쉽게 개념을 이해할 수 있도록 부록에서 사용한 것처럼 운동 에너지는 총 질량이 아니라, $1m^3$인 부피의 질량, 즉 밀도에 대한 양입니다.

압력과 속력이 포함된 운동 에너지를 합하면 일정하다고 했으니 속력이 커지면 압력이 작아지게 됩니다.

바나나킥의 원리

축구공을 발 안쪽으로 차면 회전이 생깁니다.

공이 진행할 때 공의 입장에서 보면 주변의 공기는 상대적으로 뒤로 밀린다고 생각할 수 있습니다.

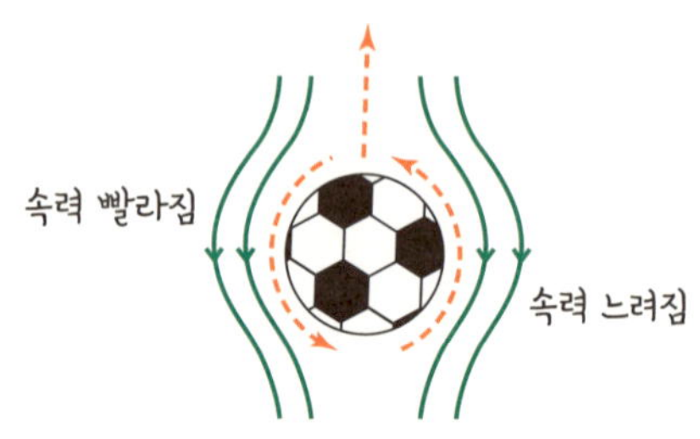

그림처럼 공이 회전하면 공과 공기 사이에는 마찰이 생깁니다. 공 오른쪽에서는 공을 스치고 지나가는 공기와 공의 회전 방향이 서로 반대이므로 공기의 속력이 느려집니다. 마그누스 효과에 의하면 속력이 빨라지면 압력이 낮아지고, 속력이 느려지면 압력이 높아집니다. 따라서 공기의 속력이 느린 오른쪽의 압력이 높아지기 때문에 오른쪽에서 왼쪽으로 공을 미는 힘이 작용하고, 이로 인해 공이 왼쪽 방향으로 휘는 것입니다.

보통의 기술로 회전만 주면 휘어지는 공을 만들 수는 있지만 속도가 느리면 골키퍼가 쉽게 잡을 수 있습니다.

물리학회에서 발간하는 『물리학과 첨단기술』 2002년 4월호에서 이인호 박사가 쓴 글에 따르면 시속 108 km보다 느린 속력에서는 마그누스 효과가 나타나지 않기 때문에 적어도 공의 속력이 시속 135 km 이상이 되도록 차야만 직선으로 가던 공이 속력이 줄어들면서 휘어지는 바나나킥이 된다고 합니다.

관심 있는 학생은 한국물리학회 홈페이지에서 학술지를 선택해서 물리학과 첨단기술을 클릭하면 지난호 보기에서 읽어볼 수 있습니다.

투수들이 직구나 변화구를 던지는 기본 원리도 바나나킥과 같습
니다.

눈높이 맞춤 학습법

유아나 **초등 저학년**인 경우 축구에서 공을 차는 기술 중에는 바나나킥이 있다는 것을
알려 줍니다.

초등 고학년이라면 바나나킥은 공기의 역할로 인해 물체의 운동 방향이 바뀌는 현상
이라는 것과 야구에서 포심이나 투심의 경우도 같은 원리라는 것을 이야기해 봅니다.

중학생의 경우에는 조금 어려울 수도 있으니 굳이 더 이상의 설명을 하지 않아도 되지
만 마그누스 효과나 베르누이 정리를 살짝 언급하면서 주변 공기의 속력으로 인해 압
력 차가 생기고, 그 압력 차이로 인해 물체의 운동 방향이 바뀐다는 것을 알려 주셔도
좋습니다.

교과과정

— **중등 3학년** 운동과 에너지
— **고등 물리** 베르누이 정리

자이로드롭이 천천히 떨어지는 이유는 무엇일까요?

온 가족이 다 함께 놀이동산에 갔어요. 미르는 아직 키 제한이 있는 놀이기구를 탈 수 없고, 엄마는 겁이 많아 타지 못하는 놀이기구가 많다 보니 아빠는 좀 아쉬워합니다. 자이로드롭 앞에 있자니 사람들의 비명 소리가 들려 옵니다.

"미르야, 사람들 고함 소리를 보니 엄청 무섭나 봐."

"그런가 봐. 그래도 재미있을 것 같아."

"속도가 점점 빨라지면 사람 몸 속이 간지럽기도 하고 아프기도 해. 중력이 없는 우주에서도 비슷한 느낌을 받기 때문에 우주 비행사들은 이런 느낌에 적응하기 위해 훈련을 받아."

"그렇구나. 그런데 놀이기구가 너무 빠르게 떨어지다가 땅에 부딪히면 어떡해?"

"자이로드롭 의자에는 자석이 있대. 그래서 빠르게 떨어지는 자이로드롭을 브레이크처럼 속도를 줄여준대."

"와, 다행이다. 키가 더 자라면 타 봐야지."

자이로드롭의 감속 장치

높은 곳으로 올라간 자이로드롭은 끌고 올라갔던 장치를 풀어 빠른 속도로 아래로 떨어집니다. 점점 빠른 속도로 떨어지다가 속도가 줄어드는 영역에서 사람들은 더 짜릿함을 느끼게 됩니다. 속도가 줄어드는 원리를 알아봅시다.

자이로드롭의 탑승 의자 아래에는 말굽 모양의 자석이 있고, 기둥에는 금속판이 달려 있습니다. 자석이 금속판을 지나면서 금속판에 자기장이 유도되고, 이로 인해 서로 밀어내는 힘이 작용합니다. 이 순간 아래로 점점 빨라지던 의자가 위로 힘을 받아 속도가 느려지는 것입니다.

6개의 금속판이 붙어 있는 놀이기구를 예로 들어보겠습니다. 자이로드롭 타워에 있는 금속판은 그림에서 회색 기둥으로 나타내었습니다. 대략 아래 그림과 같습니다.

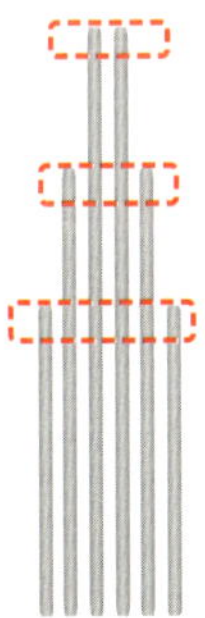

의자에 달린 자석이 이 영역( )을 지날 때마다 기둥이 의자를 위로 밀어주게 됩니다. 이 놀이기구는 세 번 감속되어 안전하게 땅

에 도착할 수 있습니다.

조금 더 자세히 살펴보겠습니다. 다만 너무 깊게 알 필요가 없으시다면 아래 전자기 유도와 로렌츠 힘은 건너뛰셔도 좋습니다.

전자기 유도 법칙

전자기 유도 법칙은 부록에서 자세히 다루었습니다. 전선 고리 주변의 자기장이 바뀔 때, 혹은 자기장은 그대로이나 고리의 넓이가 바뀔 때 유도 전류가 생깁니다.

놀이기구에는 이렇게 적용됩니다. 아래 그림은 놀이기구를 위에서 바라본 모습입니다. 말굽 모양의 자석은 의자 아래에 붙어 있고 이 자석은 자이로드롭의 기둥에 있는 금속판을 감싸고 있습니다.

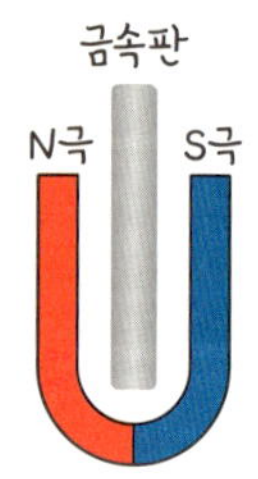

자석이 달린 의자가 내려올 때 일정한 면적의 금속판을 지나는 동안에는 유도 전류가 생기지 않습니다. 여기서 금속판의 넓이를 전선 고리의 넓이라고 생각할 수 있습니다. 111쪽 그림의 [ ] 부분은 금속판이 많아졌으므로 금속판의 넓이가 넓어졌다고 볼 수 있습니다. 의자의 자석이 내려올 때 금속판이 많아지는 부분에서는 자석과 금속판이 겹치는 면적이 늘어나므로 유도 전류가 발생하고, 전류는 전자석처럼 자기장을 만들게 됩니다.

금속판과 의자의 자석이 겹치는 면적이 늘어나는 동안 서로 밀어내는 힘이 작용하도록 전류가 생깁니다. 이를 페러데이의 전자기 유도 법칙이라고 합니다.

의자의 자석이 금속판과 겹치기 시작할 때부터 완전히 겹칠 때까지만 유도 전류가 생깁니다. 자석이 금속판에 완전히 겹친 이후부터는 미는 힘이 발생하지 않습니다.

올라갈 때 의자가 받는 힘

내려올 때는 속도를 느려지게 하는데 올라갈 때는 어떨까요?

금속판에 자기장의 변화가 심할수록, 즉 빨리 내려올수록 미는 힘이 커집니다. 올라갈 때는 천천히 올라가기 때문에 금속판이 의자를 밀어내는 힘이 아주 작아서 사람들이 거의 느끼지 못합니다.

점점 빨라지는 놀이기구의 속도가 줄어들면 더 짜릿하기도 하지만, 빠른 속도에서 갑자기 정지하면 사람이 받는 충격이 크기 때문에 안전을 위해서라도 속도를 줄여서 도착해야 합니다.

유아나 **초등 저학년**인 경우 자석의 도움으로 놀이기구가 내려올 때 속력을 줄일 수 있다는 것을 알려 줍니다.

초등 고학년이면 전자기 유도를 이용한 다른 현상들도 찾아봅니다.

중학생이라면 전기와 자기의 성질을 배우면서 전자기 유도 현상을 이해하도록 합니다.

📖 **교과과정**

— **초등 4학년** 자석의 이용
— **초등 6학년** 전기의 이용
— **중등 1학년** 힘의 작용
— **중등 2학년** 전기와 자기

미술관에서

그림을 좋아하지만 전문적인 지식이 있는 것은 아니라 그림에 대한 글을 써도 될지 망설였습니다. 하지만 과학을 하는 관점에서, 잘 모르는 미술 작품을 바라보고 정리해 보았습니다. 아마 과학과 무관한 전공을 가지신 엄마의 경우, 본인이 좋아하거나 전공과 관련된 분야에 과학을 연결 지어 볼 수 있는 계기가 되리라 생각합니다. 조금 자신 없는 과학이라도 엄마가 자신 있는 분야의 시각에서 바라보고, 아이들의 눈높이에 맞추면 좋은 이야깃거리가 만들어질 것입니다.

〈기와이기〉에서 본
수직선과 수평선 찾기

미르와 엄마는 함께 그림책을 즐겨 보곤 해요. 그림을 보는 것만으로도 즐겁지만 그림 속에 숨어 있는 과학을 찾아보면 재미가 더해집니다.

"이 그림은 김홍도가 그린 그림인데, 사람들이 집을 짓는 모습을 그렸나 봐. 지붕에 기와를 올리고 있네."

"엄마, 여기 봐. 흙 반죽덩이를 줄에 매달아 당기고 있어."

"이 사람은 뭘 들고 있는지 아니?"

"뭐지? 뭘 매달아서 들고 있네."

"집이 기울어져 있으면 튼튼하지 않겠지? 무거운 걸 실에 매어 들고 있으면 실이 똑바르게 되잖아? 여기에 맞춰서 기둥이 똑바로 서 있는지 보는 거야."

〈기와이기〉 속에 숨은 과학

김홍도의 〈기와이기〉는 너무 유명해서 미술사적인 의의는 많은 이

⬆ 김홍도의 〈기와이기〉(출처: 국립중앙박물관)

들이 알고 있습니다. 저는 여기서 과학을 찾아볼게요.

　그림에서 가운데 있는 사람은 다림을 잡고 있습니다. '다림'이란 수평이나 수직을 맞추는 일을 의미하는 순우리말입니다. 수학이나 물리에서 수직선과 수평선은 아주 중요합니다. 집을 짓거나 구조물을 만들 때에도 가장 기본이 되는 것이 수평과 수직을 잘 잡는 것입니다. 김홍도의 그림에서 수직선을 찾는 모습을 찾아보는 것도 재미있습니다. 여행을 다니다 보면 민속박물관에서 수직선을 찾는 다림추가 달린 먹통을 발견할 수도 있습니다.

수직선 찾기

간단하게 수평을 찾아볼 수 있는 방법이 있습니다. 실에 추가 될 만한 무거운 물체를 매달고 실에는 물감을 묻힙니다. 벽에 전지를 붙여 놓고 추가 매달려 있는 실의 반대편 끝을 잡고 가만히 있으면 추가 정지합니다. 이때 추를 종이에 누른 채 실을 튕기면 수직선이 그려집니다.

중력은 지구가 질량이 있는 물체를 지구 중심 방향으로 당기는 힘입니다. 추를 매달면 중력에 의해 추가 지구 중심 방향으로 당겨지면서 추에 매단 실이 그 방향, 즉 수직선을 나타내게 됩니다.

수평선 찾기

세탁기나 전자저울에는 수평을 잡는 도구들이 들어 있습니다.

⬆ 세탁기의 수평

간단하게 수평을 찾아볼 수 있는 방법이 있습니다. 빨대나 굵은 투명 호스를 준비합니다. 빨대에 물을 절반만 넣고, 빨대 양쪽을 고무찰흙으로 막습니다. 빨대에 물감을 묻혀 눕힌 다음, 물의 높이가 같아지면 빨대를 눌러 수평선을 표시하세요. 수직선도 표시해서 수평선과 수직선이 각도기로 직각이 되는지 확인해 봅니다.

물을 이루는 분자 하나하나는 지구 중심 방향으로 힘을 받습니다. 그렇기 때문에 정지하고 있는 물의 표면은 중력 방향과 직각을 이루게 됩니다.

유아나 초등 저학년인 경우 그림의 구석구석을 같이 살펴보면서 이야기를 나누어 보는 '그림읽기'를 합니다.

초등 고학년이면 주변에서 볼 수 있는 수평선과 수직선을 찾는 방법에 대해 이야기를 나누어 봅니다.

중학생의 경우에는 수평선과 수직선을 찾는 방법을 중력과 연관 지어 그 이유를 생각해 봅니다.

교과과정

— **초등 3학년** 힘과 우리 생활
— **중등 1학년** 힘의 작용(중력)

원근감을 그림으로 표현하는 방법

우리 가족은 여행을 가기로 했어요. 아빠는 운전을 하고 미르는 여행 생각에 신나서 창밖의 경치를 보고 있네요. 고속도로를 지나가고 있으니 창밖에 많은 산이 보입니다.

"산이 엄청 많다."

"미르야, 가까이 있는 산은 크게 보이지만, 멀리 떨어져 있는 큰 산은 작아 보이지 않아?"

"그러게. 먼 산은 엄청 작아 보여."

"지난번 미술관에 갔을 때 먼 산을 흐릿하게 그려 놓은 그림을 봤었는데 기억나? 진짜 산도 멀리 있으니까 뿌옇게 보이지?"

⬆ 먼 산이 뿌옇게 보이는 풍경

정약용 선생이 7살 때 원근감을 표현한 글이 있습니다.

작은 산이 큰 산을 가렸으니(小山蔽大山)
땅의 멀고 가까움이 다르기 때문이라네(遠近地不同)

이 시는 가까운 산은 크게 보이고, 먼 산은 작게 보이는 것을 표현한 것입니다. 이는 121쪽의 사진을 통해서도 알 수 있습니다. 그런데 사진을 보면 거리에 따라 크고 작게 보일 뿐만 아니라, 가까운 산은 나무까지 또렷하게 보이지만 먼 산은 뿌옇고 흐려 보입니다.

원근감의 원리를 찾아보고 그림에서 적용하고 있는 방법을 알아보겠습니다.

원근감을 느끼는 원리

① 크기의 원리

가까이 있는 물체는 크고 멀리 있는 물체는 작아 보입니다. 사람의 눈은 물체의 각도를 뇌로 전송해서 크기로 인식합니다.

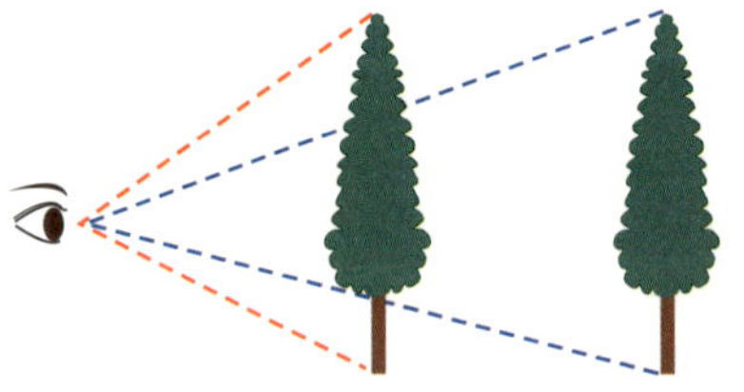

크기가 같은 나무라도 가까이 있는 나무의 시각(빨간색 점선의 각)보다 멀리 있는 나무의 시각(파란색 점선의 각)이 작습니다. 사람은

경험에 의해 크기가 작으면 멀리 있다고 인식하게 됩니다.

실제로 사람의 눈은 두 개이기 때문에 거리에 따라 보이는 것이 다릅니다. 하지만 그림이나 사진에서는 적용할 수 없는 부분입니다.

② 멀리 있는 물체가 흐릿해지는 원리

빛은 공기를 지나는 동안 공기 중에 있는 작은 입자에 부딪히면 여러 방향으로 흩어집니다. 이러한 현상을 '산란'이라고 하는데, 파장이 짧은 파란색이 더 많이, 더 강하게 산란하기 때문에 하늘이 파랗게 보이는 것입니다. 좀 더 큰 에어로졸이나 물방울 크기에서는 모든 빛이 다 산란되어 흰색으로 보이게 됩니다.

물체가 멀어질수록 그 사이에는 공기가 많으므로 산란이 많이 일어납니다. 그 결과 흐리고 푸르거나 회색으로 보이는 것입니다.

회화에서 원근법을 표현하는 방법

① 구도 원근법

건축가 브루넬레스키(1377~1446)는 가까이 있는 물체는 시각이 커서 크게 보인다는 것을 처음 수학적으로 체계화시켰습니다. 1426년에는 마사초(1401~1428)가 회화에 원근법을 최초로 적용해서 〈성 삼위일체〉를 그렸고, 이후 1435년에는 알베르티(1404~1472)가 『회화론』이란 책에서 원근법을 이론으로 설명했습니다.

마사초의 〈성 삼위일체〉는 구도 원근법으로 그린 최초의 그림입

니다. 성인의 눈높이에 맞추어 소실점을 설정
했고, 6 m 떨어진 곳에서 그림을 바라보면 조
각을 사진으로 찍은 것처럼 느껴질 만큼 원근
감을 잘 살린 그림입니다.

소실점은 단순히 원근감만 주는 것이 아니
라 화가가 대중에게 "여기를 봐 주세요!"라는
곳을 암시하도록 배치하기도 합니다. 이럴 때
는 사람의 시선을 집중시키고 싶은 위치에 소
실점을 둡니다.

⬆ 마사초의 〈성 삼위일
체〉(1426)

레오나르도 다빈치의 〈최후의 만찬〉에서는 예수의 얼굴로 선들
이 모이는데, 주인공이 예수라는 것을 표현하는 방법이기도 합니다.

⬆ 레오나르도 다빈치의 〈최후의 만찬〉(1498)

저는 〈진주 귀걸이를 한 소녀〉로 유명한 페르메이르의 그림도
좋아합니다. 페르메이르는 소실점을 이용한 구도를 정물화에 잘 표
현한 화가로 알려져 있는데, 그의 작품 중 〈우유를 따르는 여인〉이
소실점을 이용한 그림으로 유명합니다.

페르메이르는 그림을 그리기 전 소실점에 실이 연결된 핀을 꽂고, 실에 분필가루를 묻힌 후 팽팽하게 잡아당겨 선이 생기면 이 선을 따라 원근법을 구현해냈습니다. 그래서 페르메이르의 그림에는 핀 자국이 남아 있는 것을 볼 수 있습니다.

② 공기 원근법(색채 원근법)

먼 곳은 관찰자와 물체 사이에 공기가 많기 때문에 공기에 의한 빛의 산란으로 흐릿한 윤곽선과 함께 색의 느낌도 푸른빛이나 회색빛이 감돌게 보입니다. 스푸마토sfumato란 '연기와 같은'을 뜻하는 이탈리아어의 형용사로, 회화에서는 물체의 윤곽선을 자연스럽게 번지듯 그리는 공기 원근법을 부르는 말입니다. 색채 원근법이라고도 부릅니다.

레오나르도 다빈치는 구도를 사용한 선 원근법뿐만 아니라 채색에 스푸마토 기법을 사용해 멀리 있는 배경의 산을 그릴 때 경계면

◎ 레오나르도 다빈치의 〈성 안나와 함께 있는 성 모자상〉(1510년경)

을 흐릿하게 그렸습니다. 그는 〈성 안나와 함께 있는 성 모자상〉에서 마리아와 아기 예수는 선명하게 그리고, 배경의 산은 윤곽선이 흐릿하고 채도가 낮은 물감으로 채색했습니다. 이는 원근감과 함께 표현하고 싶은 주인공을 부각하는 방법입니다.

우리나라 그림 중 겸재 정선의 〈동작진〉도 스푸마토 기법으로 그린 그림입니다. 뱃나루가 있던 한강(서울 이촌동)에서 동작구를 바라보고 그린 그림인데, 동작나루는 선명하게 그리고 가운데 뒤편의 관악산은 흐리게 그렸습니다. 물의 양으로 먹의 농담을 조절해서 먼 곳에 있는 산세를 흐릿하게 표현하는 겁니다. 이는 산수화나 풍경화를 그릴 때 자주 사용하는 기법인데, 특히 동양화의 진경 산수화에 많이 사용된 방법입니다.

○ 정선의 〈동작진〉

유아나 초등 저학년인 경우 가까운 곳에 있는 물체는 크고 선명하게 보이고, 먼 곳에 있는 물체는 작고 뿌옇게 보인다는 것을 알려 줍니다.

초등 고학년이면 그림을 그릴 때 원근법에는 구도를 이용한 구도 원근법뿐만 아니라 색채를 이용해 표현하는 '공기 원근법'도 있다는 것을 이야기하면서 적용해 봅니다.

중학생의 경우에는 하늘이 푸른색이고 구름이 흰색이 이유를 빛의 산란과 관련지어 이야기해 봅니다.

📖 **교과과정**

— **초등 5학년** 빛의 성질
— **중등 2학년** 빛과 파동
— **중등 3학년** 자극과 반응(시각)

신윤복의 〈월하정인〉으로 본 달의 위상

간송 미술전에 다녀온 뒤 신윤복의 그림을 더 좋아하게 되었어요. 미술관에 다녀온 뒤 미르와 함께 신윤복의 화첩을 살펴보기로 했답니다. 여러 그림을 보던 중 〈월하정인〉과 〈월야밀회〉의 달 그림을 보며 같이 이야기를 나누었어요.

"이 그림은 달이 초승달 같이 생겼는데, 이 그림에서는 보름달이네? 달 모양이 달라졌지?"

"응, 달은 항상 동그랗지만 태양 빛이 비춰지는 모습이 달라서 그렇게 보인다고 책에서 봤어."

"와, 우리 미르는 많은 걸 알고 있네. 엄마는 학교 다닐 때, 달 모양이 바뀌는 이유가 참 어려웠는데. 그런데 할머니랑 같이 초저녁에 서쪽 하늘에 가늘게 뜨는 초승달 모양을 보고 나서는 쉬워졌어."

"서쪽이 어느 쪽이야?"

"초승달이 뜰 때 엄마랑 달 보러 가자. 한 달에 한 번만 볼 수 있거든."

〈월하정인〉 속 달의 위상

〈월하정인〉에는 밤중에 만나는 남녀의 모습에서 수줍음과 설렘이
잘 드러나 있습니다. 이 그림에서 달의 모양에 대해 알아보겠습니다.

○ 신윤복의 〈월하정인〉(출처: 국립중앙박물관)

중학교 2학년 과정에서 달의 위상을 공부할 때 힘들어하는 학생
들이 많습니다. 달의 위상을 이해하기 위해 달과 지구의 모형을 만
들거나 그림을 그려 보면서 공부하기도 합니다. 요즘은 유튜브에서
잘 설명해 주는 선생님이 많이 계셔서 혼자서 공부하는 것도 어렵
지는 않습니다.

저녁달과 새벽달

달은 태양 빛을 받는 부분은 밝게 보이고, 태양 빛을 받지 못하는
부분은 어둡게 보입니다. 또한 달은 지구 주위를 공전하므로, 달의
위치에 따라 태양 빛을 받는 면적이 다르게 보입니다. 그렇기 때문

에 언제나 동그란 모양이지만 지구에서 보는 달의 모양이 달라지는 것입니다.

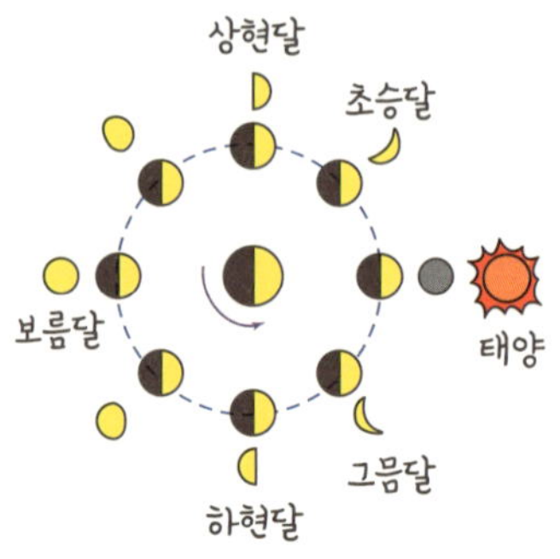

지구는 시계 반대 방향으로 자전하기 때문에 지구에 사는 우리가 보기에는 태양과 달이 시계 방향으로 돈다고 생각할 수 있습니다. 초승달로 보일 때, 지구를 중심으로 달과 태양의 위치 사이의 각도는 대략 30°입니다. 지구는 자전하기 때문에 태양이 먼저 뜨고 2시간 후에 초승달이 뜨게 됩니다. 낮에도 초승달 모양으로 관측되는 위치에 달이 있긴 하지만 햇빛이 밝아서 잘 보이지 않다가, 해가 지고 나면 잠깐 보이다가 금방 서쪽 하늘 아래로 사라집니다. 그래서 초승달과 상현달은 해가 진 직후인 초저녁에 볼 수 있습니다.

다음은 초저녁 같은 시각에 관찰할 수 있는 달의 모양입니다.

⬆ 초저녁 같은 시각에 관찰할 수 있는 달의 모양

그믐달도 해와 가장 가까운 위치에 있을 때 모양이면서 해보다 조금 먼저 뜹니다. 새벽이 되어 해가 뜨기 직전 동쪽 하늘에서 보이다가 그믐달이 조금 더 높은 고도로 올라가면 해가 뜨기 때문에 볼 수 없게 됩니다. 그믐달은 새벽에 잠깐 볼 수 있는 달 모양입니다.

⬆ 2022년 음력 10월 5일 저녁 6시 무렵에 촬영한 달의 모습

그럼 〈월하정인〉의 달 모양으로 다시 돌아가 보겠습니다. 그림에서는 초승달이 새벽에 동쪽 하늘에서 보이고 있습니다. 그런데 우리나라에서 초승달은 초저녁에 서쪽 하늘에서만 볼 수 있으므로 그림과 같은 모양이 될 수 없습니다. 때문에 초승달을 잘못 그렸을 것이라고 여기는 학자도 있습니다. 하지만 신윤복의 그림은 아주 사실적이고, 다른 그림에서 그려진 달은 고도나 모양이 비교적 정확해서 이 그림만 잘못 그린 이유에 대해 많은 사람이 의아하게 여겼다고 합니다.

천문학자인 이태형 교수가 이러한 달의 모양을 보고 추정한 글이 있어 이를 요약해 보겠습니다. 월식이 일어난다면 또 다른 모양이 될 수도 있습니다. 그러나 개기월식의 경우, 달의 왼쪽부터 가려져서 오른쪽으로 진행되기 때문에 그림 속 달의 모양은 될 수 없습니다.

그렇다면 가능한 것은 부분월식으로, 지구가 달의 아랫부분을 가리고 지나간다면 가능합니다. 이태형 교수는 신윤복이 활동한 것으로 추정되는 18세기 중반부터 19세기 중반까지, 약 100년 사이에 일어났던 월식 중 서울에서 부분월식이 가능한 때를 조사해 보았습니다. 그 결과 1784년 8월 30일(정조 8년, 신윤복 26세)과 1793년 8월 21일(정조 17년, 신윤복 35세), 두 차례의 부분월식을 확인할 수 있었습니다.

월식은 보름달일 때 일어나며, 국가의 중요한 사안이라 『승정원일기』나 많은 문서에 기록된다고 합니다. 그림에 적힌 시각은 야삼경으로, 지금의 12시 부근입니다. 1784년 8월 30일은 서울에 비가 많이 내렸다고 기록되어 있으니 달을 볼 수 없었을 것입니다. 반면 1793년 8월 21일(음력 7월 15일)에는 『승정원일기』에 "7월 병오(15)일 밤 이경에서 사경까지 월식(月食)이 있었다."라고 기록되어 있으므로, 이로부터 그림을 그린 날짜와 시간을 추정할 수 있었습니다.

이태형 교수의 추정이 맞고 틀렸는지는 중요하지 않습니다. 그보다는 이와 같이 하나의 사실을 보고 추정하는 과정에서 논리적인 사고로 발전시킬 수 있는 좋은 기회가 되었다고 생각합니다.

유아나 **초등 저학년**이라면 저녁 산책을 하다가 초승달이나 보름달을 보면 달은 항상 둥글지만 위치에 따라 모양이 바뀐다는 것을 알려 줍니다.

초등 고학년이면 위치에 따라 태양 빛을 받는 부분과 받지 못하는 부분에 의해 달 모양이 28일 간격으로 변한다는 것을 알려 줍니다.

중학생의 경우 달의 위상을 설명해 달라고 부탁하면서 〈월하정인〉 그림과 함께 이야기를 나누어 봅니다.

📖 **교과과정**

— **초등 4학년** 밤하늘 관찰
— **중등 1학년** 태양계(달의 위상)

그림은 무엇으로 그릴까요?

미술관에 다녀왔어요. 미술관에서 이야기를 하다 보면 다른 사람들이 그림을 관람하는 데 방해가 될 수 있어서 가능하면 조용히 그림만 즐기고 오고는 해요. 사진을 찍는 것이 허락되는 경우라면 사진이나 그림을 설명과 함께 찍어 집으로 돌아옵니다. 미르와 찍은 사진을 다시 보며 이야기를 나누었어요.

"미르야, 이 그림은 색깔이 엄청 화려하고 예쁘다. 그렇지?"

"내가 그리면 왜 이렇게 안 되지?"

"이 그림은 유화 물감이라고 하는 물감으로 그려서 그런 거야. 그런데 미르는 물에 녹여서 쓰는 물감으로 그려서 그래."

"그러면 유화 물감은 물에 안 녹아?"

"펜으로 그림을 그렸을 때 유성펜 썼던 거 기억나니? 유성펜은 기름에만 녹고 물에는 녹지 않아. 그래서 유성펜으로 그림을 그린 다음, 수채 물감을 쓰면 번지지 않게 그릴 수 있어."

미술관에서 그림을 감상하기 전에 그림 공부를 해야 한다는 의무감을 가지다 보면 관람하는 재미가 적어집니다. 그러나 개인적으로 접근하기 쉬운 다양한 관점으로 연결 지어 보니 미술관을 방문하는 것이 즐거워졌습니다. 작가가 그림으로 잘 표현하기 위해서 사용한 그림 재료가 얼마나 중요한 역할을 하는지 알고 나니, 좋은 느낌의 그림은 어떤 재료를 사용했는지 유심히 살피게 되었습니다.

아이들과 미술관에 가서 감상하는 방법이 다양하지만, 그림 재료에 관심을 가져보는 것도 좋은 경험이 되리라 생각합니다.

템페라

최근 미술관에서 템페라화를 보았습니다. 이전에 『미술관에 간 화학자』를 읽으면서 들어 본 적 있는 종류의 그림이었습니다. 예전에는 미술 재료에 관심이 적어서 템페라화를 보았더라도 무심히 스쳐 지나갔기에 템페라화라고 알고 본 것은 처음이라고 할 수 있었습니다.

○ 보티첼리, 〈프리마베라〉(1480)

우피치 미술관을 두 번이나 다녀왔지만 그 당시에는 '템페라'라는 재료를 알기 전이라, 책에서 우피치 미술관에 보티첼리의 〈프리마베라〉가 전시되어 있다는 것을 알게 되니 무척이나 아쉬웠습니다. 레오나르도 다 빈치의 〈최후의 만찬〉도 나무판에 그려진 템페라화입니다. 템페라tempera는 안료와 매체의 혼합을 뜻하는 라틴어 'temperare'를 어원으로 하는 그림물감의 일종입니다. 안료를 녹이는 용매로는 주로 달걀을 이용합니다. 날달걀로 안료를 녹였다고 하니 날달걀을 붓에 묻혀 그린 그림을 생각하면 그 뻑뻑함이 느껴지는 것 같습니다. 템페라는 섬세한 표현이 쉽지 않고 매우 빨리 말라 그러데이션도 어렵기 때문에 채색 후 덧칠 형식으로 표현합니다. 마른 뒤 잘 갈라지기 때문에 주로 나무판에 그리거나 벽화로 그렸습니다.

구아슈 물감

미술관에서 느낌이 좋아 재료를 살펴보니 구아슈라고 적혀 있는 그림이 꽤 있었습니다.

구아슈gouache는 처음 듣는 재료였는데, 수채화인 듯하면서도 유화 같은 느낌도 들어 신기했습니다. 구아슈 물감은 15세기부터 사용되었습니다. 수용성 아라비아고무를 안료와 혼합한 물감으로, 물에 녹여 사용하지만 불투명한 그림 재료입니다.

수채화 물감은 투명하게 색을 표현할 수 있는 반면, 구아슈 물감

은 불투명해서 혼합하면 탁해지는 특징이 있습니다. 구아슈 물감은 샤갈이나 피카소가 즐겨 사용했다고 합니다.

요즘 주로 그리는 아이패드의 프로크리에이트에서 붓을 찾아보니 구아슈 붓이 있네요. 진짜 구아슈 느낌이 구현될지는 모르겠지만 새로 시도해 볼 재료로 선택해 두었습니다.

유화 물감

유화oil 물감은 가장 많이 볼 수 있는 재료입니다. 화가들은 템페라의 불편함을 줄이기 위해 안료를 기름에 녹여서 사용하기 시작했습니다.

아마인유에 안료를 녹여 그림을 그린 얀 반 에이크는 〈아르놀피니 부부의 초상〉에서 유화의 장점을 극대화해서 그렸기 때문에 유화의 창시자로 불립니다.

유화는 부드럽고 섬세한 표현이 가능하고, 나무판이 아니라 캔

버스에도 그릴 수 있어서 커다란 그림을 그릴 수 있게 되었습니다.

아크릴 물감

20세기에 들어서면서 유화의 장점을 지니면서도 빨리 마르는 재료가 사용되기 시작했습니다. 아크릴acrylic 물감은 건축물에 사용하던 도료를 사용해 벽화를 그리면서 사용되기 시작한 그림 재료로, 아크릴 에스터 수지로 만든 물감을 말합니다. 물을 보조제로 사용하고, 부착력과 내구성이 강하고 빨리 말라 여러 번 겹쳐서 그릴 수 있다는 장점이 있습니다.

요즘 미술관에 가면 아크릴 물감을 사용한 작품을 자주 보게 됩니다. 기존의 유화와는 조금 다른 찐득한 느낌의 그림을 보았는데, 유화와 같은 찐득함은 아니지만 그렇다고 투명한 느낌의 그림은 아니었습니다.

앞으로 또 어떤 재료를 이용해 상상하고 있던 아름다움을 담아 낼 수 있을지 기대하면서 미술관을 나섰습니다. 그림을 잘 알고 있는 부모님이라면 다양한 접근이 가능할지도 모릅니다. 그러나 저처럼 그림을 잘 알지 못하는 경우라면 막연하게 미술관을 가는 것보다 아이와 색의 관점이나 구도를 공부한 뒤 관람하거나 미술 재료 등 구체적으로 어느 부분에 관심을 갖고 볼지 고려하여 관람하는 것도 좋은 방법이라 생각합니다.

눈높이 맞춤 학습법

유아나 초등 저학년이라면 크레파스와 물감으로 그림을 그리면서 차이를 알아봅니다.

초등 고학년이면 용매를 기름으로 사용하는지, 물로 사용하는지에 따라 재료의 성질이 달라진다는 것을 알려 줍니다.

중학생의 경우 용액과 혼합물의 차이에서 그림 재료의 특징과 비교해 봅니다.

📖 교과과정

— **초등 5학년** 용해와 용액

— **중등 2학년** 물질의 특성

명화 속의 거울

미르와 함께 어린이를 위한 세계 명화집을 자주 보곤 해요. 이번에는 그림에서 거울을 찾아보기로 했어요.

"거울 속에 누가 보이니?"

"그림의 거울 속에는 없는 사람도 보여."

"화가가 마음속으로 생각하고 있는 걸 보여주고 싶을 때에는 거울 속에 그리기도 한대. 거울에 화가의 뒤에 있는 풍경도 보이지?"

"응, 앞모습도 보이고, 거울로 뒷모습도 볼 수 있네."

"이 거울은 사람이 작게 보이는 걸 보니 볼록거울인가 봐. 저번에 엄마랑 마트에서 천장 구석에 달린 거울 본 적 있지?"

"응, 기억나. 그때도 사람이 작게 보였어."

"작게 보이니까 넓은 범위를 비출 수 있어 많은 걸 볼 수 있겠지? 화가도 그렇게 보여주고 싶었나 보다. 우리 숟가락으로 볼록거울 놀이해 볼까?"

거울이 등장하는 명화들

거울이 등장하는 명화를 살펴보도록 하겠습니다.

이 그림은 특별한 구도로 인해 화가가 마르가리타 공주를 그린 것인지, 펠리페 4세 부부를 그린 것인지 의견이 나뉘고 있습니다. 거울 속에 비친 국왕 부부 때문입니다. 많은 학자들은 벨라스케스가 국왕 부부의 초상화를 그리고 있다고 보는 반면, 다른 학자들은

○ 에드가 드가, 〈무용실〉(1872)

거울에 비친 마르가리타 공주를 그린 것이라고 보기도 합니다.

이 외에도 거울이 등장하는 많은 명화가 있습니다. 거울은 화가가 의도하고자 하는 내용을 표현할 수 있는 좋은 도구이기 때문이라고 합니다.

보통의 거울과 달리 특별한 거울이 있는 그림이 있습니다. 〈아르놀피니 부부의 초상〉에 보이는 거울입니다.

○ 얀 반 에이크, 〈아르놀피니 부부의 초상〉(1434)

다른 거울은 우리가 사용하는 일반 거울입니다. 〈아르놀피니 부부의 초상〉에 등장하는 거울 부분을 확대해 보면 명확하게 보이듯이 이 그림 속 거울은 볼록거울입니다.

볼록거울

빛은 닿은 면에 수직선에 대해 같은 각도로 반사되는데, 이를 '반사의 법칙'이라고 합니다. 이 법칙에 따라 왼쪽 화살표에서 나온 빛이 볼록거울에 닿아 반사되는 것을 그려 보면 다음 그림과 같습니다.

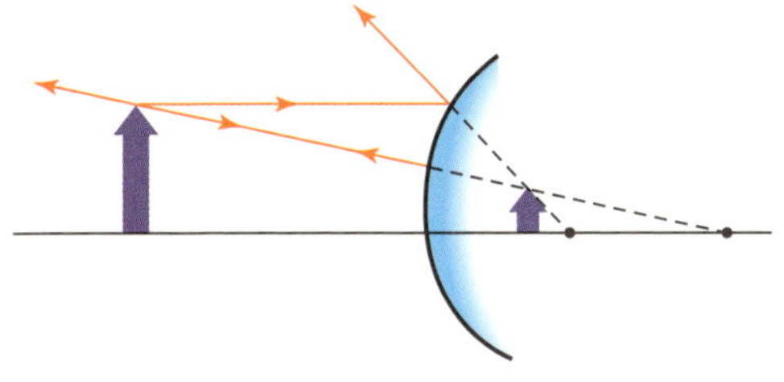

한 점에서 나오는 빛은 무수히 많지만 그중 작도하기 쉬운 두 개의 빛으로도 화살표의 끝에서 나온 빛이 어디로 가는지 알 수 있습니다.

점선으로 그린 거울의 뒷면으로는 빛이 지나가지 않습니다. 경험상 작은 화살표에서 나온 빛이 실선처럼 퍼져 나오기 때문에, 사람들은 두 개의 빛이 점점 퍼지는 것을 보고 마치 거울 뒤의 작은 화살표의 끝에서 나온 빛이라고 생각하게 됩니다.

같은 방법으로 오목거울에 물체를 비춰 보면 어떤 경우는 물체가 거꾸로 반사되기도 합니다.

작은 화살표를 보면 원래의 화살표보다 크기가 작습니다. 그래서 볼록거울을 통해서 물체를 비춰 보면 크기는 항상 더 작고 바로 서 있는 모양으로 보이게 됩니다. 비치는 물체가 작게 보이므로, 더 넓은 곳을 볼 수 있다는 장점이 되기도 합니다. 이것이 바로 마트에서 도난 방지용 거울로 볼록거울을 사용하는 이유입니다.

〈아르놀피니 부부의 초상화〉에서 그림 속 거울이 보통의 거울이

라면 일부 모습만 비쳤을 것입니다. 그러나 볼록거울을 사용함으로써 거울 속에 부부의 뒷모습과 화가, 신부의 아버지를 모두 표현한 화가의 섬세함에 또 한 번 감동받게 됩니다.

유아나 초등 저학년이라면 거울에 비친 다양한 모습을 보는 것으로 충분합니다. 얼굴을 비출 수 있는 매끈한 숟가락을 사용해서 볼록한 부분과 오목한 부분으로 얼굴을 비춰 보는 것도 좋습니다.

초등 고학년이면 거울은 빛을 반사하는 도구이며, 거울의 면에 따라 반사된 모양이 다르다는 것을 알려 줍니다.

중학생의 경우 평면거울, 볼록거울과 오목거울의 특징에 관해 이야기를 나눠 봅니다.

📖 **교과과정**

— **초등 5학년** 빛의 성질(거울)
— **중등 2학년** 빛과 파동

아주 오래된 작품의 연대 추정하기

미르가 고대 유물에 관련된 책을 읽고 있어요.

"미르야, 이 그림은 2000년 전에 그렸다는데 어떻게 알아낸 걸까?"

"그림에 몇 년에 그렸다고 적혀 있었나? 나도 일기를 쓸 때 날짜를 적잖아."

"그럴 수도 있겠지만 그림이 그려져 있는 나무나 종이가 얼마나 오래전에 만들어졌는지 알아낼 수 있대."

"어떻게?"

"엄마도 자세히는 알지 못해. 나중에 같이 책을 찾아보자."

역사를 글로 쓰기 이전부터 사람들은 동굴의 벽에 그림을 그리고, 나무나 동물의 뼈로 조각을 남기기도 했습니다. 1947년 사해 부근에서 양치기들에 의해 구약성서가 히브리어로 적혀 있는 파피루스와 양피지가 발견되었습니다. 종교적·역사적으로 중요한 내용이 적혀 있었기 때문에 사람들은 연대를 몹시 알고 싶어 했습니다.

워낙 보존이 잘 되어 있었기 때문에 학자들은 최근에 만들어졌다고 의심하기도 했습니다. 그러나 윌러드 프랭크 리비 교수가 탄소 연대 측정법을 이용해, 이 문서가 발견된 시점으로부터 약 1950년 이전에 만들어졌다는 것을 밝혀냈습니다.

반감기

방사성 물질의 핵은 자연 붕괴하면서 일정 기간이 되면 방사성 물질의 원자 수가 반으로 줄어듭니다. 이 기간을 반감기라고 합니다.

자연에 존재하는 가장 많은 탄소는 원자 번호가 6번이고, 원자 질량이 12입니다. 원자 번호가 6번인 탄소에는 질량이 11, 12, 13, 14로 다른 네 종류의 동위원소가 있습니다. 탄소 연대 측정에 사용하는 탄소는 원자 질량이 14입니다.

질량수가 14인 탄소는 5730년이 지날 때마다 그 수가 절반으로 줄어듭니다. 반면 질량수가 11인 탄소의 경우, 반감기가 20분 정도이기 때문에 몇 천 년이 지나면 거의 남아 있지 않아 측정하기가 적합하지 않습니다.

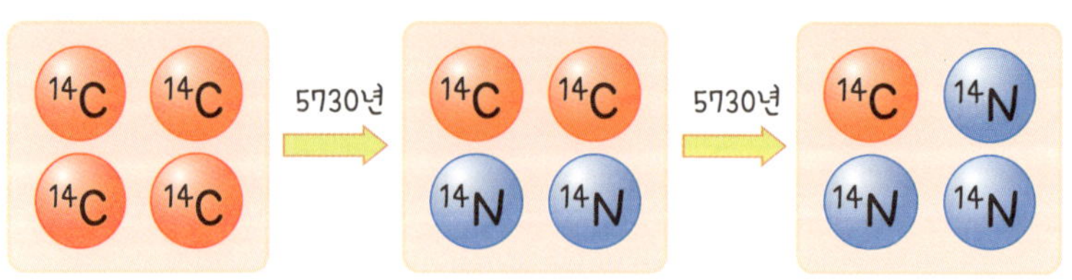

만약 50년 정도 이전의 시료라면 반감기가 12.3년인 삼중수소를 이용할 수 있습니다.

연대 측정 방법

질량수 14인 탄소의 개수를 알고 있을 경우, 원래 개수의 절반이 되었다면 5730년이 지났다고 할 수 있습니다. 그러나 원래의 개수를 모른다면 반감기를 알고 있더라도 연대를 추정할 수 없습니다.

대기 중에는 질량수 12인 탄소 약 10^{12}개에 대해 질량수 14인 탄소 1개의 비율로 존재합니다. 호흡을 하고 있는 나무나 동물이 살아 있을 때는 두 탄소 원자의 비율이 유지됩니다.

호흡을 하는 동안에는 탄소 1몰에 6×10^{23}개의 질량수 12인 탄소와 약 6×10^{11}개의 질량수 14인 탄소가 있게 됩니다. 여기서 10^3은 1,000을 나타내는 것입니다. 하지만 생물이 죽으면 질량수 12인 탄소는 붕괴하지 않아 그 개수가 변하지 않고, 질량수가 14인 탄소만 방사성 붕괴가 일어나 감소하게 됩니다.

한 나무 상자의 탄소 1몰에 질량수 14인 탄소가 3×10^{11}개 있다고 가정해 봅시다. 그렇다면 이 나무 상자는 5730년 전에 만들어진 것으로 예상해 볼 수 있습니다. 즉 추정 시기와 유사한 반감기를 가지고 있는 방사능 물질을 사용하면 연대를 추정할 수 있습니다.

유아나 초등 저학년이라면 아주 오래 전에 있었던 나무도 얼마나 오래 되었는지 추정할 수 있다는 것을 알려 줍니다.

초등 고학년이면 원소의 특성을 이용해 연대를 측정할 수 있다는 사실을 알려 줍니다.

중학생의 경우 원소 주기율표에서 원소에 따라 특성이 달라지는 것에 대해 이야기해 봅니다.

📖 교과과정

— **중등 2학년** 물질의 구성(주기율표)

점묘화는 왜 밝은 느낌을 줄까요?

미르와 화첩에서 점묘화를 보며, 이야기를 나누었어요.

"미르야, 이 그림은 아주 많은 점을 찍어서 그렸다고 해."

"그러면 힘들 텐데…."

"2년이나 걸렸다고 적혀 있네. 멀리서 보면 그림이 밝게 보이니까 힘들여 그렸나 봐."

"응."

그림을 보고 난 뒤, 미르와 색이 칠해진 팽이를 같이 돌려 보기로 했어요.

"미르야, 우리 팽이 놀이할까?"

"우와, 팽이를 돌리니 색이 연해지네?"

"그래, 물감은 여러 색을 섞으면 검정색이 되지? 그런데 색팽이는 돌리면 더 환해지잖아. 그래서 그림도 환해지라고 작은 점을 여러 개 찍어서 그리는 거래."

점묘화는 미술관에서 볼 수 있는 신기한 그림 중 하나입니다. 가까이에서 보면 수많은 색의 점을 찍어 그린 것으로 보이는데 몇 발

자국 뒤에서 보면 원래 색보다 더 밝게 보입니다. 점묘화의 대표적인 이 그림의 원리를 알기 위해서는 먼저 빛의 합성에 대해 알아야 합니다.

빛의 혼합과 색의 혼합

빛의 삼원색은 빨간색(R), 초록색(G), 파란색(B)입니다. 보통 색깔과 빛깔을 혼용해 사용해도 무관하지만 혼합하면 전혀 다른 결과가 나타납니다. 빛은 혼합하면 더 밝아지고, 색은 혼합하면 더 어두워집니다.

전자기파 중 파장이 약 400나노미터(400 nm)부터 약 700나노미터(700 nm) 사이인 빛은 우리 눈의 원추세포를 자극하는데, 원추세포는 그중 빨간색, 파란색, 초록색 세 가지 색에 반응합니다. 그래서 빛의 삼원색을 빨간색과 파란색, 초록색으로 정한 것입니다.

빛이 눈에 들어오면 망막에 있는 원추세포에서 정보를 뇌로 보

내 우리가 느끼는 빛깔로 인식합니다. 650나노미터보다 긴 파장의 빛이 들어오면 빨간색으로 인식하고 570나노미터 부근의 파장에서는 초록과 빨간색이 같이 원추세포를 자극하기 때문에 우리는 노란색으로 느끼게 됩니다. 그리고 세 가지 빛깔이 모두 원추세포에 도달하면 우리는 이것을 흰색으로 인식하게 되는 겁니다.

어떤 물체가 빨간색만 완전히 흡수한다면 사이안(C)이 되고, 초록색을 흡수하면 마젠타(M)색이 되고, 파란색을 흡수하면 노란색(Y)이 되는 것을 빛의 혼합 그림에서 볼 수 있습니다. 사이안과 마젠타를 혼합하면 빨간색과 초록색을 흡수하는 물체가 되니 파란색(B)이 됩니다. 이렇게 색을 혼합하면 점점 더 어두워져서 검은색이 됩니다.

사과가 빨간색으로 보이는 것은 사과가 녹색과 파란색을 흡수하고 빨간색만 반사하기 때문입니다. 물감을 섞으면 흡수하는 빛이 점점 많아져 색이 어두워지게 됩니다.

점묘화의 원리

그림을 그릴 때 색을 섞어 사용할 수는 있지만 많이 섞을수록 그림이 탁해집니다. 그러나 점을 찍어 그림을 그릴 경우, 점에서 나온 빛이 모이면 더 밝은색이 되기 때문에 산뜻한 느낌으로 감상할 수 있습니다.

가까이에서 보면 하나하나의 점으로 보이는데, 먼 곳에서 보면 왜 여러 점에서 나온 빛이 하나의 색처럼 보이는 걸까요? 그 이유는 바로 빛의 회절 때문입니다.

눈에서 빛이 들어가는 동공은 파란색 선(홍채) 사이의 구멍이고, 망막 부분을 오른쪽 빨간 점이 있는 위치로 그렸습니다. 눈에 빨간색이 들어오면 망막에 같은 크기의 빨간 상이 생기지 않습니다. 눈동자의 끝에서 직진하던 빨간빛이 꺾여 진행하는 현상을 회절이라고 합니다. 회절로 인해 빨간색은 더 커다란 크기로 망막에 상이 맺히게 됩니다.

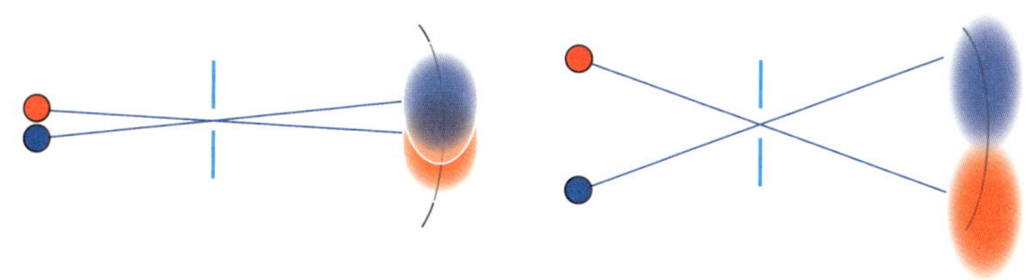

　위의 그림에서 눈동자로부터 같은 거리에 있는 두 점을 볼 때 왼쪽처럼 빨간색 점과 파란색 점이 가까이 위치해 있을 때는 망막에서 두 점을 각각 구별하지 못해 마젠타(자홍색)로 인식하게 됩니다. 그러나 오른쪽처럼 두 점이 떨어져 있으면 각각의 색깔이 구별됩니다.

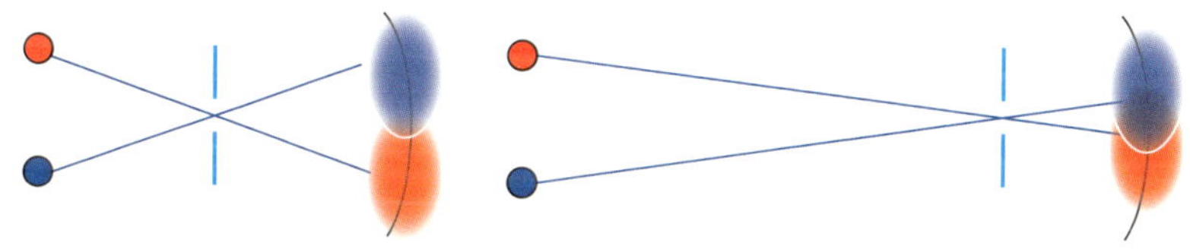

　두 점 사이의 거리가 같더라도 눈으로부터 얼마나 멀리 떨어져 있느냐에 따라 두 점으로 나뉘어 보이기도 하고 두 색상이 섞여 하나의 빛깔로 볼 수도 있습니다. 점묘화를 가까이에서 보면 색이 뚜렷하게 구별되지만 몇 걸음 뒤로 물러나 먼 거리에서 보면 빛이 혼합되어 밝게 보이는 이유입니다.

유아나 초등 저학년이라면 물감과 색팽이를 이용해 색의 혼합과 빛의 혼합을 알아봅니다.

초등 고학년이면 눈의 구조와 빛을 인식하는 방법을 이야기해 봅니다.

중학생의 경우 빛의 회절과 빛이 파장에 따라 뇌에 인식되는 것이 다르다는 것을 알아봅니다.

📖 **교과과정**

— **초등 5학년** 빛의 성질
— **중등 2학년** 빛과 파동
— **중등 3학년** 자극과 반응(시각)

그림 속의 무지개

미르와 세계 명화집을 보면서 무지개가 있는 그림들을 찾아봤어요.

"이 그림에도 무지개가 있네. 무지개가 그려진 그림을 보면 어떤 느낌이 들어?"

"무지개를 보면서 막 뛰어가고 싶어."

"그렇구나. 그러면 미르는 네모 모양인 무지개를 본 적 있니?"

"아니."

"엄마도 네모 무지개는 본 적 없는데, 비행기를 타고 폭포 위에서 찍은 사진에서 도넛같이 동그란 무지개는 본 적 있어."

⬆ 루벤스, 〈무지개가 있는 풍경〉(1638년경)

"와, 나도 동그란 무지개 보고 싶다. 그런데 무지개는 왜 자주 안 생기는 거야?"

"무지개는 공기 중에 있는 물방울에 태양 빛이 비칠 때 생기는 거래. 그러니 비도 내리고 해도 떠야 하니 보기가 어렵지."

그림에도 자주 등장하는 무지개. 무지개는 희망과 밝음을 표현하기 위해 화가들이 자주 사용하는 그림 소재입니다. 그런데 무지개는 왜 생기는 걸까요? 그리고 네모나 세모 모양의 무지개는 없을까요?

태양 빛의 분산

뉴턴은 유럽에서 페스트가 창궐하여 학교가 쉬게 되자 시골로 내려가게 됩니다. 시골에서 어머니 농장 구석에 있는 창고에서 여러 실험을 해 보던 중, 프리즘을 이용해 태양 빛이 투명한 것이 아니라 여러 빛이 모여 있다는 사실을 알게 됩니다.

투명한 빛 중에서 빨간색 빛은 조금 꺾이고 보라색(파란색) 빛은 많이 꺾인다는 사실을 알 수 있습니다. 비가 온 뒤 하나의 물방울에 태양 빛이 비치면 이때에도 마찬가지로 빨간 빛은 조금 꺾이게 되

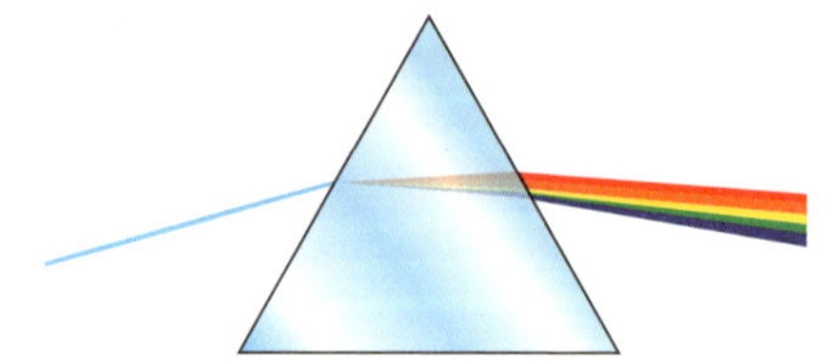

어 물방울 밖으로 나가기도 하지만 대부분 다시 반사되어서 되돌아 나옵니다.

반면 보라색 빛은 많이 꺾여서 원래 들어온 태양 빛과 40° 정도의 각도를 이루면서 되돌아 나옵니다. 빨간색 빛은 원래 빛과 42° 정도의 각도로 되돌아 나옵니다. 무지개의 색깔은 위에서부터 빨간색, 주황색, 노란색, …의 순서인데 그림을 자세히 보면 이 그림에는 보랏빛이 가장 위에 있습니다.

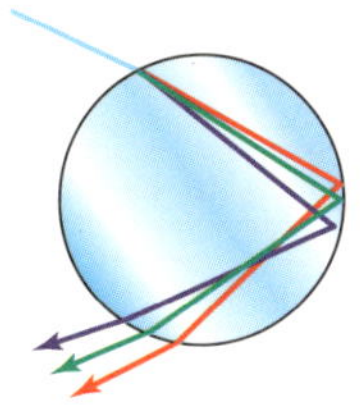

우리가 실제로 보는 무지개는 한 개의 물방울로부터 나온 빛을 보는 것이 아닙니다.

무지개의 원리

비가 내린 뒤 태양을 등지고 서면 무지개를 볼 수 있습니다. 무지개의 원리를 살펴보면 우리 등 뒤에서 온 태양 빛이 우리가 바라보는 방향의 수많은 물방울에서 반사됩니다.

그림에서 무지개를 만드는 두 물방울을 검은 점으로 표시했습니다. 각각의 물방울은 보라색에서 빨간색까지의 빛을 되돌려 내보냅

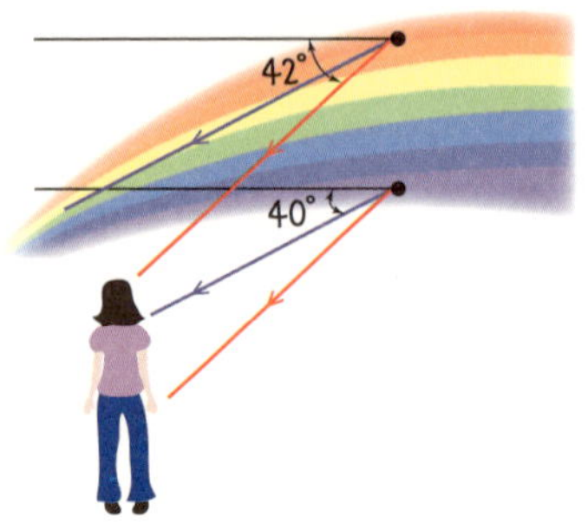

니다. 우리가 서서 물방울들을 보면 빛이 들어오는 방향과 내 눈이 40°를 이루는 물방울(아래 검은 점)에서는 보라색(파란색) 빛이 눈으로 들어오게 됩니다. 그런 물방울은 모두 반원 모양에 있는 물방울들입니다. 그래서 우리가 보는 무지개에서 보라색 빛은 반원 모양입니다.

또한 빛이 들어오는 방향과 내 눈의 각도가 42°인 물방울(위의 검은 점)에서는 빨간색 빛이 내 눈으로 들어오게 됩니다. 마찬가지로 반원 모양입니다.

우리 눈에는 42°의 각도에 있는 물방울이 40°에 있는 물방울보다 더 위에 있습니다. 그래서 우리가 보는 무지개는 반원 모양이고 위쪽부터 빨간색이 있게 됩니다.

비가 내린 뒤 해를 등지고 서면 낮일 경우에는 좀 더 낮은 곳에, 저녁일 경우에는 지면에서 40° 부근을 바라보면 쉽게 무지개를 찾을 수 있습니다. 도넛같이 동그란 무지개가 보고 싶다면 비행기를 타고 공기 중에 물방울이 많이 있는 폭포 부근을 내려다본다면 같은 이유로 동그란 모양의 무지개를 볼 수 있습니다.

유아나 초등 저학년이라면 햇빛이 무지개를 만들고 반원 모양이라는 것을 알려 줍니다.

초등 고학년이면 햇빛이 프리즘에 분산되는 것처럼 공기 중의 물방울이 무지개를 만든다는 것에 관해 이야기 나눕니다.

중학생의 경우 무지개가 생기는 원리와 전반사를 함께 알아봅니다.

교과과정

— **초등 5학년** 빛의 성질
— **중등 2학년** 빛과 파동
— **중등 3학년** 자극과 반응(시각)

여행에서

여행을 가면 평소에 보지 못한 낯선 광경이나 풍경을 볼 수 있어서 이야깃거리가 다양해집니다. 게다가 TV나 영상을 보지 않는 데다 같은 공간에 있는 시간이 많아지다 보면 아이들과 이야기 나눌 시간이 길어집니다. 맛있는 음식과 낯선 장소에서 새로운 경험을 해 보며 왜 그런지 궁금해하다 보면 즐거움과 함께 호기심도 부쩍 늘 것입니다.

나침반 없이 시계로 남쪽 찾기

미르는 아빠와 등산을 하기로 했습니다. 등산을 하던 중 아빠가 미르에게 남쪽이 어느 방향인지 알 수 있다고 이야기해 줍니다.

"미르야, 나침반 없이도 남쪽을 찾을 수 있는데, 알고 있니?"

"어떻게?"

아빠가 휴대폰에 있는 아날로그시계를 켜자 엄마가 시계를 보면서 남쪽을 찾아냈어요.

"이쪽이 남쪽이네."

그러자 미르는 아빠 휴대폰에서 나침반 애플리케이션을 켜서 확인해 봅니다.

"와! 엄마, 어떻게 알았어? 나도 가르쳐 줘."

"시침을 해에다 맞췄을 때 시침과 12시라고 적힌 숫자 사이의 가운데가 남쪽이야."

시계로 남쪽 방향 찾기

나침반을 사용하지 않고 남쪽을 찾는 방법은 아이들에게 엄마의 실력을 뽐낼 수 있는 좋은 기회가 될 수 있습니다.

'○○○ 살아남기' 같은 만화책, 또는 예능 프로그램에서는 생존 방법으로 산에서 방향을 찾는 방법을 자주 보게 됩니다. 아이들이 동서남북을 알기 시작하면 남쪽이 어디인지 예측해 보는 것에도 관심을 가지게 될 겁니다.

방법은 간단합니다. 그림처럼 시침의 방향을 해가 비치는 방향을 가리키도록 놓습니다. 그러면 12시와 시침의 중간(파란색 점선) 방향이 남쪽입니다. 이때쯤 나침반이나 스마트폰의 나침반 애플리케이션을 켜 보면 아이들이 "와!" 하고 엄마를 바라보는 눈길이 달라질 겁니다.

여기까지만 해도 아이들에게는 충분하지만 조금 더 설명해 주고 싶은 분들을 위해 원리도 간단하게 알아보겠습니다. 해시계의 원리이기도 합니다.

태양이 남쪽에 오면 낮 12시입니다. 시침이 하루에 한 번만 돈다면 시침을 태양에 맞추면 12시 방향이 남쪽이 될 겁니다. 하지만 태양이 동쪽에서 서쪽으로 1° 이동하는 데에는 4분이 걸리는 반면, 시침은 한 바퀴(360°)를 12시간 동안 돌아서 1° 이동하는 데 2분이 걸립니다. 태양과 시계의 시침이 낮 12에 정남에서 동시에 출발하면 시침은 태양보다 두 배 빨리 돌아가기 때문입니다.

이는 중학 수학 1학년의 일차방정식 단원에서 시계 문제를 배울 때 도움을 받을 수 있습니다.

국제 표준시는 경도 15°마다 1시간씩 차이를 두어 12시로 정하고 있습니다. 우리나라는 동경 135°에 태양이 올 때 12시가 되는데, 우리나라는 동경 126°에서 129° 사이에 위치해 있기 때문에 실제로는 6~9° 정도 차이가 납니다.

눈높이 맞춤 학습법

유아나 초등 저학년인 경우 바늘이 있는 시계 보는 방법을 이야기해 봅니다.

초등 고학년이면 국제 표준시가 있다는 것을 알려 주고 시간의 체계와 경도를 연관 지어 봅니다.

중학생이라면 지구의 자전과 태양의 모습을 연관 짓고 수학에서 시계의 시침과 분침의 원리도 함께 알아봅니다.

교과과정

— **초등 6학년** 지구의 운동
— **초등 6학년** 계절의 변화
— **중등 1학년** 태양계

비행기가 뜨는 원리

제주도로 여행을 가기 위해 공항에 도착했어요. 줄 지어 있는 비행기를 보다 보면 저 큰 비행기가 나를 태우고 하늘을 나는 게 신기하기만 합니다.

"미르야, 비행기가 뜨는 건 알겠는데, 그래도 신기한 것 같아."

"나도! 진짜 신기해."

"종이비행기를 만들어서 날릴 때 앞쪽을 위로 세워서 날리면 한참 날았었지?"

"그래도 계속은 못 날던데."

"비행기가 공중에 떠 있도록 도와주는 건 공기래."

비행기가 뜨는 원리

비행기는 강력한 제트 엔진을 이용해 앞으로 나아갑니다. 팬이 돌면서 공기를 엔진으로 밀어 넣고, 공기의 일부는 연소실로 들어가 연료를 태우고 뜨거운 공기를 내뿜으면서 터빈을 돌립니다. 터빈이 돌아가면서 뜨거운 공기는 뒤로 더 많이 빠져나가고 앞에서는 차가운 공기가 더 많이 들어옵니다. 공기를 뒤로 내뿜으면 대기의 반작용력으로 강력한 추진력이 생깁니다. 강력한 추진력으로 비행기가 앞으로 나가면서 비행기가 이륙하게 됩니다.

① 베르누이 정리

유체의 흐름에서 베르누이의 원리는 아주 중요하고 우리 생활에 밀접해 있습니다. 베르누이의 원리는 부록에서 좀 더 자세히 다루었습니다.

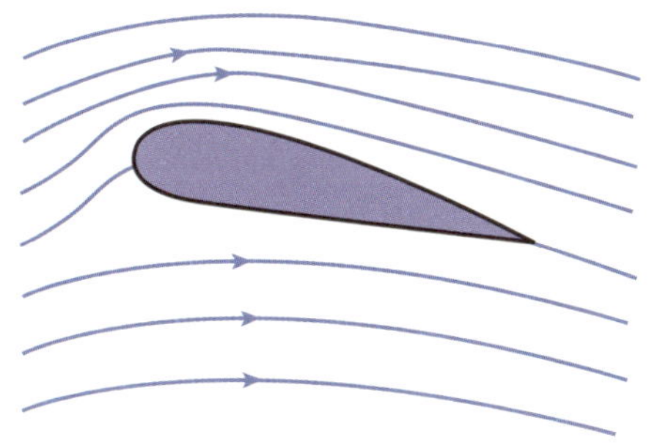

비행기가 앞으로 진행하면 상대적으로 공기가 뒤로 밀린다고 생각해도 됩니다. 날개 모양 때문에 날개 위쪽의 공기는 좁은 관을 지나가는 유체가 속력이 빨라지는 것처럼 아래쪽 공기보다 속력이 빨라집니다.

속력이 빠른 유체는 압력이 낮아진다는 것이 베르누이의 정리입니다. 아래쪽 공기는 위쪽 공기보다 느리게 움직이므로 아래쪽이 위쪽보다 압력이 큽니다. 이로 인해 공기는 날개에 위로 향하는 힘을 작용시킵니다.

② 뉴턴의 제3법칙

비행기 날개가 약간 기울어져 있으면서 비행기가 앞으로 나아가면 그림과 같이 공기의 방향을 바꾸도록 비행기가 공기에 힘을 작용합니다.

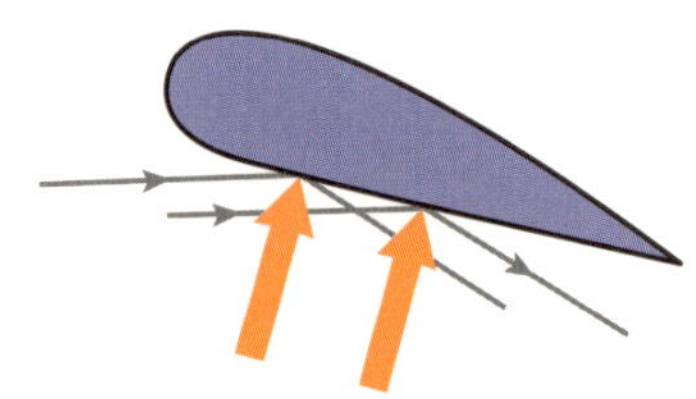

공기는 반작용력을 비행기 날개에 전달합니다. 공기가 비행기 날개에 작용하는 힘은 비행기의 날개가 공기에 작용하는 힘과 크기는 같고 방향은 반대인 반작용력입니다. 그림에서 공기는 비행기 날개에 주황색 방향으로 힘을 주게 됩니다.

공기가 작용하는 힘은 날개의 아랫면에 수직으로 작용하는 힘이 됩니다. 이 힘은 날개를 뒤로 밀면서 위로 올리는 역할을 합니다. 비행기가 앞으로 나아가는 추진력이 워낙 크기 때문에 위로 띄우는 역할만 더해 줍니다.

종이비행기를 만들어 날릴 때 앞을 약간 들어서 날리면 잘 날아가는 원리와 같습니다. 아이들과 종이비행기를 직접 만들어 여러 가지 방법으로 날려보면 좋겠죠.

비행기는 베르누이의 정리와 공기의 반작용력으로 인해 날아오를 수 있습니다.

눈높이 맞춤 학습법

유아나 **초등 저학년**인 경우 종이비행기를 접어 날리면서 힘의 방향을 경험해 봅니다.

초등 고학년이면 공기가 비행기를 뜨게 한다는 사실과 반작용력의 존재를 알려 줍니다.

중학생이라면 베르누이 방정식을 이해하고 작용과 반작용 법칙에 관해 이야기해 봅니다.

교과과정

— **중등 1학년** 힘의 작용
— **중등 3학년** 운동과 에너지
— **고등 물리** 베르누이 정리
— **고등 물리** 힘과 에너지

물은 어떻게 나무 꼭대기까지 올라갈 수 있을까요?

한여름, 우리 가족은 휴양림으로 휴가를 갔습니다. 키가 큰 나무들이 잘 자라 있는 큰 숲을 걷는 것이 무척 즐겁습니다.

"미르야, 나무는 꼭대기까지 촉촉한데 나무는 물을 어떻게 빨아들일까?"

"음…. 나는 빨대로 쭉 빨아당겨서 먹는데…."

"나무 꼭대기는 빨대보다 아주 길고, 나무는 입도 없는데?"

"그러게? 그럼 어떻게 빨아들이지?"

"전에 엄마랑 펜으로 줄을 그은 종이를 물에 담가 본 적 있는데, 기억나니? 종이를 물에 담갔더니 물이 종이 위로 올라왔잖아. 그리고 종이는 나무로 만들고. 엄마도 궁금한데 인터넷으로 찾아보자."

보통은 모세관 현상 때문이라고 설명하지만, 모세관 현상만으로 물이 나무 꼭대기까지 올라가기는 쉽지 않아요. 그렇다면 무엇이 더 필요한지 살펴보도록 하겠습니다.

모세관 현상

액체는 구성하는 분자끼리 서로 끌어당기는 응집력과, 다른 종류의 물체를 잡아당기는 부착력을 가지고 있습니다.

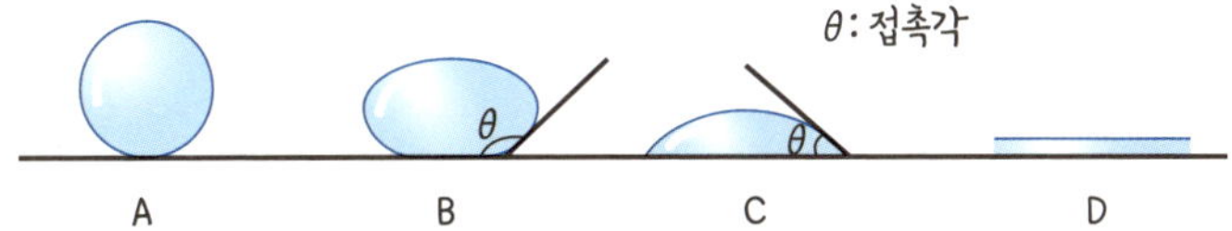

그릇에 담긴 액체는 응집력과 함께 그릇의 벽을 구성하는 분자들과도 잡아당기는 힘이 작용합니다. 물과 같은 액체는 접촉각이 위 그림의 C와 같이 0°에서 90° 사이이며, 다른 물체에 붙으려는 성질이 더 큽니다. 반면 수은과 같은 액체는 B와 같이 90°에서 180° 사이로 액체 분자끼리 뭉치려는 경향이 더 큽니다.

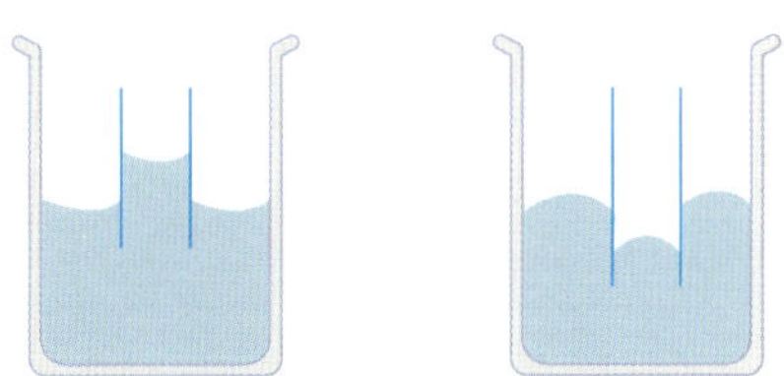

❖ 부착력인 큰 액체(왼쪽)와 응집력이 더 큰 액체(오른쪽)

다른 종류의 분자 사이에 작용하는 당기는 힘을 부착력이라고 합니다. 부착력이 응집력보다 더 크면 접촉각이 0°에서 90° 사이이며, 관을 따라 관 바깥에 있는 액체의 높이보다 더 높이 올라갑니다. 응집력이 부착력보다 더 큰 경우에는 접촉각이 90°와 180° 사이이고, 관 바깥에 있는 액체의 높이보다 낮아집니다.

쥬린의 법칙Jurin's law을 보면 여러 요소가 모세관의 높이에 영향을 주지만 가장 큰 영향을 주는 것은 관의 반지름입니다. 부착력이 응집력보다 큰 액체의 경우, 관의 반지름이 작을수록 원래 액체 표면보다 높이가 더 높아집니다.

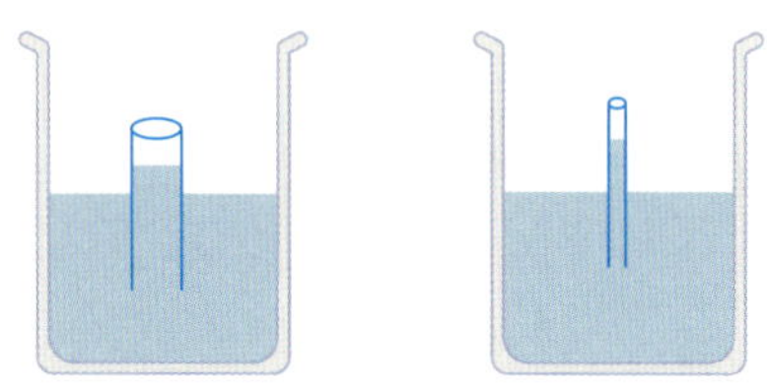

나무 물관의 반지름이 0.02 mm이고 표면장력은 0.07 N/m라고 했을 때 쥬린의 법칙을 사용해서 모세관 현상으로 물이 올라갈 수 있는 높이를 구하면 대략 73 cm 정도입니다(참고: 생명물리의 이해, 북스힐). 만년필을 사용해 잉크로 글씨를 쓰는 원리도 쥬린의 법칙으로 설명할 수 있습니다.

삼투압 현상

나무가 물을 끌어 올리는 원인으로 모세관 현상도 있지만 더 큰 역할을 하는 것은 삼투 현상입니다. 채소에 소금을 뿌려두면 물이 빠지는 것을 볼 수 있는데, 이는 삼투 현상으로 인한 것입니다. 식물의 뿌리가 땅속 물을 빨아들이는 원리는 삼투 현상 때문이라는 것은 잘 알고 있을 것입니다. 식물 내부 수액의 농도와 땅속 물의 농도 차이로 식물은 물을 빨아들입니다.

봄날의 수액의 오스몰 농도가 0.1 osmol/L라고 할 때 삼투압은 2.41기압 정도입니다. 1기압은 물기둥 10 m 아래의 압력과 같습니다. 이른 봄의 나무 수액의 농도로 생긴 삼투압이면 물을 거의 25 m까지 끌어올릴 수 있습니다.

눈높이 맞춤 학습법

유아나 초등 저학년인 경우 나무에 물관이 있어 뿌리에서 나무 끝까지 물이 올라간다는 것에 대해 이야기 합니다.

초등 고학년이나 중학생의 경우에는 모세관 현상과 삼투 현상으로 생기는 다양한 상황을 알아보면 좋습니다.

교과과정

— **초등 3학년** 식물의 생활

— **초등 6학년** 식물의 구조와 기능

— **중등 2학년** 식물과 에너지

안에서만 밖을 볼 수 있는 유리창

여행을 다니면 예쁜 카페를 찾아서 쉬고는 해요. 미르와 한 카페 앞에서 멈췄어요.

"미르야, 저기 유리에 우리 모습이 비치네?"

"응, 엄마. 마치 거울 같아."

"그런데 가게 안에서는 우리를 다 볼 수 있어."

"정말? 그럼 안에 들어가 보자."

카페에서 음료를 주문한 뒤 창가에 자리를 잡고 앉았습니다. 카페 안에서는 정말로 밖이 환히 보였어요.

시간이 지나 저녁 식사를 한 뒤 일부러 낮에 보았던 카페 앞을 지나갔어요.

"엄마, 낮에는 거울같이 보였는데 지금은 카페 안이 다 보여."

"미르야, 낮에는 밖이 더 밝고 밤에는 밖이 더 어둡지? 더 밝은 곳에서 보면 유리가 거울처럼 보이는 거야."

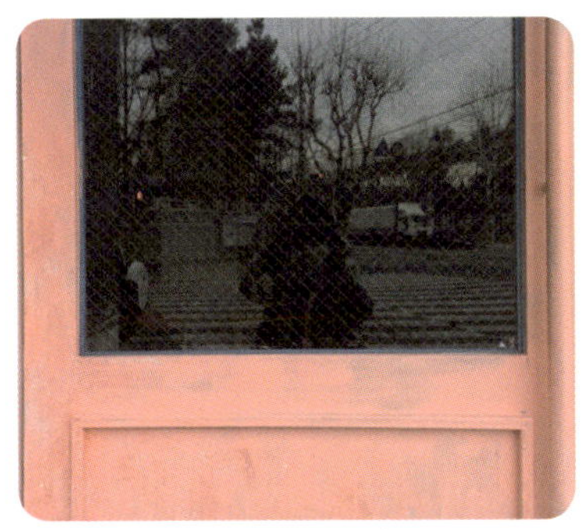

매직미러

길을 지나다 거울처럼 보이는 창 앞에서 옷매무새를 다듬다 보면 안에 사람이 있어 민망한 상황에 처하는 경우가 종종 발생합니다. 이러한 유리를 매직미러라고도 부릅니다. 유리를 처음부터 매직미러로 가공해서 나오기도 하고, 일반유리에 필름을 붙여 비슷한 효과를 내기도 합니다.

'매직미러 필름' 혹은 'one way mirror'라고 검색하면 관련 제품을 보실 수 있습니다. 텐트에 매직미러 필름을 달아 텐트 안에서는 밖을 잘 볼 수 있지만, 밖에서는 안을 전혀 볼 수 없는 상품도 판매되고 있네요.

매직미러는 경찰서에서 범인과 목격자를 만나지 않게 하는 장면에서 자주 등장합니다. 같은 원리로 범인이 있는 곳은 아주 밝게 하고, 목격자가 있는 곳은 상대적으로 어둡게 해서 목격자만 범인을 볼 수 있도록 하는 것입니다.

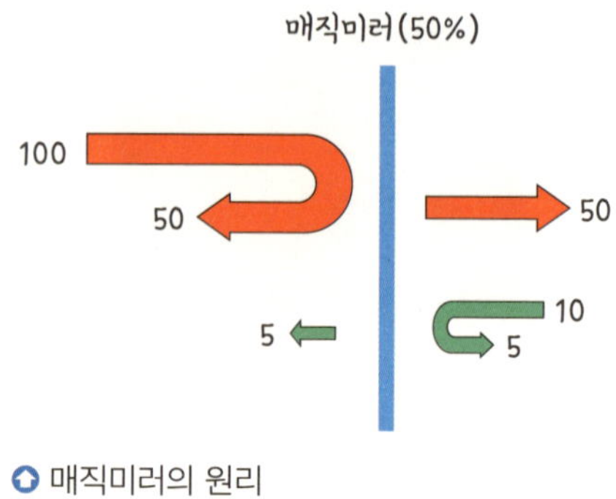

　매직미러는 투명한 유리에 알루미늄과 같은 금속을 얇게 입혀서 보통 빛의 반 정도는 통과시키고 반은 반사시키는 유리입니다. 반사율이 50%인 경우를 예로 들어 보겠습니다.

　밝은 곳의 빛의 양을 편의상 100이라고 하고 빨간색으로 표시했습니다. 그리고 어두운 곳의 빛의 양을 10이라고 하고 초록색으로 표시했으며, 오른편이 왼편보다 더 어둡다고 가정하겠습니다. 왼편에서 보면 유리에 반사된 빛의 양은 50이고 어두운 곳에서 유리를 통과해서 볼 수 있는 빛의 양은 5입니다. 때문에 상대적으로 유리 너머의 오른쪽은 거의 볼 수 없습니다.

　반대로 어두운 곳, 즉 오른쪽에서 본다면 유리 너머 왼쪽 빛의 반이 유리를 통과해서 보이기 때문에 상대적으로 밖에서는 내 모습이 거의 보이지 않고 유리 너머의 모습만 잘 볼 수 있습니다. 그래서 밤에는 불 켜진 카페의 내부가 환하게 잘 보이지만 카페에서 밖을 보면 거울처럼 보이게 됩니다.

유아나 초등 저학년의 경우 거울처럼 보이는 유리를 보며 신기해하면 됩니다. 가능하면 같은 장소를 밤에도 지나면서 낮에 본 모습과 다르다는 것을 짚어 줍니다.

초등 고학년이나 중학생의 경우에는 빛의 반사와 투과에 대한 비율과 눈에서 인식하는 것은 빛의 상대적인 양이라는 부분과 연관 지어 줍니다.

📖 **교과과정**

— **초등 5학년** 빛의 성질
— **중등 2학년** 빛과 파동

자동 감지기

운전을 하는 아빠가 휴식을 취하기 위해 고속도로 휴게소에 들렀어요. 화장실을 다녀 온 미르는 "내가 수도에 손을 가까이 대기만 했는데 물이 자동으로 나왔어."라며 신이 났어요. 얘기를 들은 아빠는 남자 화장실 변기 앞에도 감지기가 있어 자동으로 물이 나오는 곳이 있다는 것을 미르에게 알려 줬어요.

"미르가 있는 걸 알아채면 물이 나오는 거야. 우리 집 현관도 자동으로 불이 켜지지? 그거랑 같아."

"엄마, 저번에 은행 갔을 때 문에 가까이 다가가니 은행 문이 자동으로 열렸던 거 생각나."

"미르 몸이 따뜻해서 몸에서 나오는 열을 알아채는 거래."

자동 감지기의 원리

하루에도 몇 번씩 드나드는 자동문에는 위에 감지기가 있어 그 덕분에 문이 저절로 열립니다. 학원에 빨리 가자고 재촉하지 마시고 천천히 감지기를 쳐다볼 수 있는 여유를 주시면 좋겠네요. 감지기는 수동형과 능동형, 두 가지를 주로 사용하는데, 자동문 위에 달린 감지기는 수동형입니다.

현관 앞에 나가면 전등이 저절로 켜집니다. 아이들은 이것을 처음에는 신기해하지만 곧 시들해지고는 합니다. 한 번씩 자동으로 문을 열지 못했던 옛날이야기를 들려주면서 감지기의 존재를 알려 주세요.

수동형은 감지기만 있는 것으로 보통 현관의 센서 등이나 자동 수도꼭지에 달려 있습니다. 수도나 자동문에는 피아노 계단처럼 빛을 쏘는 부분에 사람이 있으면 감지하기가 불편하기 때문입니다.

따뜻한 물체는 눈에 보이지 않는 빛(복사)을 냅니다. 사람은 주변보다 온도가 높기 때문에 수동형 감지기는 이러한 온도의 변화를 찾아 사람이 있다는 것을 알 수 있습니다. 무더운 여름에는 감지가 둔해지는 이유이기도 합니다.

능동형 감지기로는 계단을 밟으면 피아노 소리가 나오는 피아노

계단이 있습니다.

　빛을 내는 부분과 감지기가 같이 있는 능동형 센서(피아노 계단)와 감지기만 있는 수동형 센서가 있습니다. 피아노 계단의 경우, 노란색 동그라미로 표시한 능동형 센서에서 빛(적외선등)을 내고 빨간색 동그라미로 표시한 반대쪽에 빛을 받는 감지기가 있습니다.

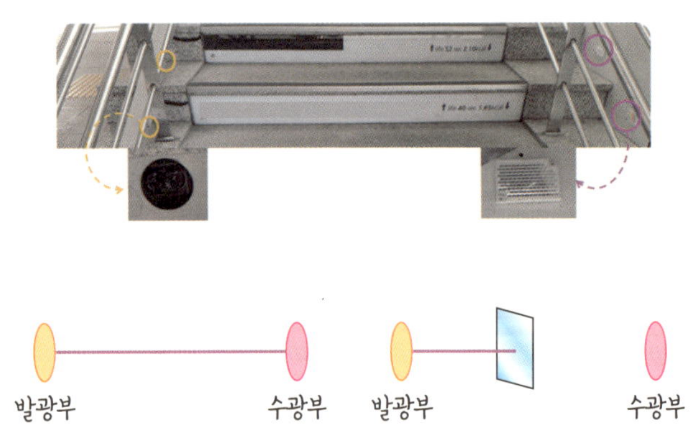

❖ 센서 사이에 아무것도 없을 때(왼쪽)와 물체가 있을 때(오른쪽)

　노란색 동그라미(발광부)에서 적외선이 나오면 빨간색 동그라미(수광부)에 도달하게 되는데, 이때 사람이 지나가면 적외선을 가리게 되어 수광부, 즉 센서에 빛이 도달하지 않습니다. 피아노 계단은 수

광부에서 빛이 검출되지 않으면 사람이 지나가는 것으로 인식해 피아노 소리가 나도록 설계되어 있습니다.

눈높이 맞춤 학습법

유아나 초등 저학년인 경우 감지기의 존재를 알려 줍니다.

초등 고학년이나 중학생이라면 감지기의 종류와 방법에 대해 이야기를 나누어 봅니다.

📖 교과과정

— **중등 2학년** 빛과 파동(적외선)

과속하는 자동차를 어떻게 찾아낼까요?

고속도로를 달리고 있는데 내비게이션이 속도 측정기가 있다는 것을 알려 주네요.

"미르야, 저기 앞에 카메라 보이지? 저기에서 빛을 쏘아서 우리 차가 얼마나 빠르게 달리는지 측정하는 거야."

"엄마, 전에 길에서 카메라 본 거 생각나."

"그래, 횡단보도에 있는 단속 카메라는 횡단보도 위에 네모 칸 두 개를 만들어두고, 차가 그 네모 칸을 지날 때 얼마나 빨리 지나가는지 재 보는 거야."

사람이 앞에 서면 자동으로 열리는 문이나 사람이 지나가면 피아노 소리가 나는 계단, 손을 가까이 대면 자동으로 켜지는 수도 등 수많은 편리한 도구들이 있습니다. 우리는 이런 기능을 가진 도구를 '센서'라고 부르고 있습니다.

아이들이 그냥 지나칠 수 있는 일상생활에서 센서가 있을 만한 곳에서 잠깐이라도 센서의 존재를 이야기해 보세요. 아이들이 과학적 사고를 하는 데 많은 도움이 될 겁니다.

이동식 카메라의 원리

소리를 내는 물체가 다가오면 소리가 원래보다 더 높은 소리로 들리는데, 이를 '도플러 효과'라고 합니다. 도로를 주행하다 보면 만나게 되는 이동식 단속카메라나 고속도로의 속도 측정기는 눈에 보이지 않는 빛을 쏩니다. 그리고 달리는 자동차는 이 빛을 반사합니다.

반사한 빛은 마치 자동차가 다가오면서 내는 빛처럼 도플러 효과에 의해 원래 빛보다 더 큰 진동수로 속도 측정기로 되돌아갑니다. 빨리 달리는 자동차일수록 측정기가 자동차에 처음 쏜 빛보다 더 큰 진동수의 빛으로 되돌아가기 때문에 자동차의 속력을 알아낼 수 있습니다.

고정 속도 측정 카메라의 원리

고정식 카메라는 횡단보도 앞에서 자주 볼 수 있습니다. 횡단보도 앞 바닥에는 홈이 있는데, 홈을 파서 약한 전류가 흐르는 전선을 묻어 둔 것입니다. 184쪽 사진에서 볼 수 있듯이 횡단보도의 정지선 앞에는 팔각형의 가는 홈이 있는데, 이런 홈이 사람이 지나다니는 부분에 하나 더 있습니다.

차가 이 홈을 지날 때는 전자기 유도가 생깁니다. 바닥에 전류가 흐르는 고리는 자석 역할을 하고, 자동차는 겉이 쇠로 되어 있기 때문에 전류가 흐르지 않는 고리와 비슷합니다.

⬆ 속도 측정기(위)와 바닥 전선(아래)

자동차가 지나가면 자동차에서 유도 전류가 흘러 자석과 같은 성질이 생기게 됩니다. 자동차가 첫 번째 홈을 지날 때와 두 번째 홈을 지날 때의 시간 간격을 재고, 두 홈 사이의 거리를 자동차가 홈 사이를 지난 시간으로 나누면 자동차의 속력을 알 수 있습니다.

이러한 방법은 차량의 속도를 측정하기는 좋지만, 공사하기도 힘들고 속도계를 옮기고 나도 바닥에 홈을 내므로 도로가 손상됩니다. 그러나 요즘에는 카메라가 하나 더 달린 것처럼 보이고 바닥에 홈을 내지 않는 단속 장치가 꽤 많아졌습니다. 연속적으로 빛을 쏘아 되돌아오는 빛을 감지해서 차량의 위치 변화를 확인하는 방법입니다. 일정한 시간 간격으로 빛을 쏘므로 위치 변화에 빛을 쏘는 시간 간격을 나누면 차의 속력을 알 수 있게 됩니다. 앞으로도 기술과 비용을 고려해서 속도를 측정하는 다양한 방법이 개발될 것이라 생각됩니다.

아직은 시내 도로 곳곳에서 고정식 단속 카메라를 볼 수 있습니다. 아이랑 횡단보도를 지날 때 바닥에 있는 홈을 보게 되면 전류와 자석 이야기를 같이 나눠 보세요.

눈높이 맞춤 학습법

유아나 초등 저학년인 경우 도로에 홈이나 속도 측정 장치가 있다는 것을 알려 줍니다.

초등 고학년이면 속력은 시간과 위치를 알면 되기 때문에 다양한 방법으로 측정할 수 있다는 것을 알려 줍니다.

중학생이라면 도플러 효과나 전자기 유도, 혹은 시간과 위치 변화를 직접 측정해서 속력을 알아낼 수 있다는 것을 이해하도록 도와줍니다.

📖 교과과정

— **초등 6학년** 물체의 운동

— **중등 2학년** 전기와 자기

— **중등 3학년** 운동과 에너지(속력)

비가 오면 저절로 움직이는 자동차 와이퍼의 원리

차를 타고 가는데 비가 내리네요. 그러자 와이퍼가 저절로 움직입니다.

"미르야, 아빠는 운전만 하고 있는데 비가 내리니 와이퍼가 저절로 움직이네."

"나는 아빠가 조정하는 줄 알았어."

"자동문처럼 비가 내리면 차가 자동으로 와이퍼를 움직이는 거야."

"비가 내리는지, 아닌지 차가 어떻게 아는 거야?"

"여기에 빗방울이 떨어지면 차가 감지하는 건가 봐. 물이 유리에 닿으면 물이 없을 때와는 다르지?"

"아~"

"미르야, 집에 가서 실험해 보자."

전반사

레인센서의 원리를 알기 위해서는 전반사의 원리를 먼저 이해하면

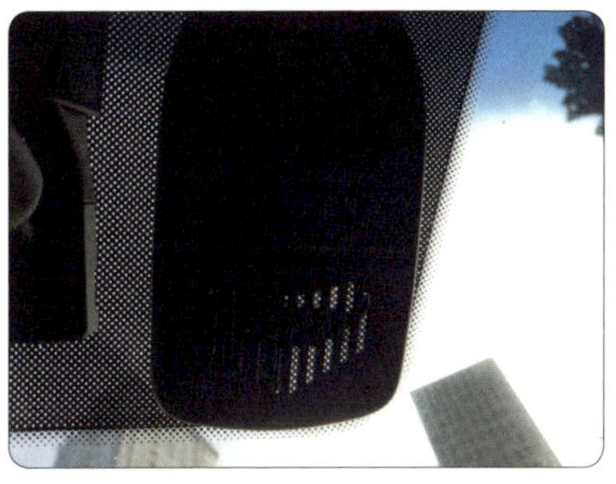

좋습니다. 전반사는 쉽지 않은 개념이지만 아이들이 실험으로 볼 수 있는 재미있는 현상입니다.

빛이 물에서 공기로 지나갈 때 빛은 경계면에서 진행 방향이 꺾이는데, 이러한 현상을 '굴절'이라고 합니다. 빛이 나가는 각도가 경계면과 나란해질수록 더 많이 꺾이다가 어느 순간 경계면과 나란하게 꺾이면서 빛의 각도를 더 기울이면 더 이상 꺾여 나가지 않고 빛이 물속으로 되돌아오게 됩니다. 그래서 빛이 물에서 공기로 지나갈 때, 경계면에 수직인 선부터 49°가 되는 선까지 굴절이 일어나서 공기 밖으로 나가며 더 비스듬한 각도에서는 반사가 일어나게 됩니다.

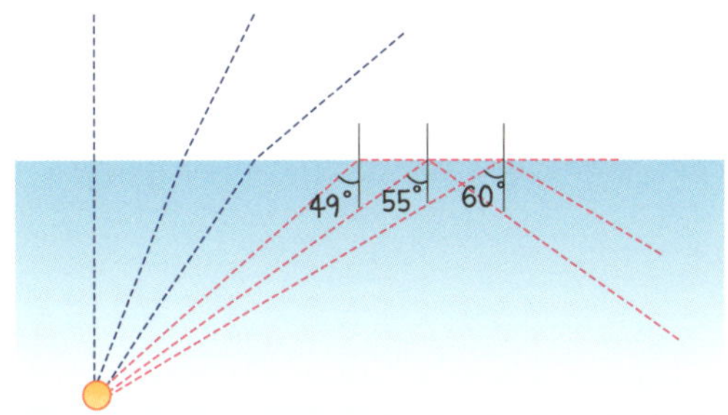

물속에서 사라지는 그림

비닐 속에 그림을 넣고, 비닐 겉에도 그림을 그려 보세요. 그런 다음 물이 가득 담긴 컵에 넣어 비슴듬히 위에서 바라보면 비닐 속 그림이 사라져서 보이지 않습니다. 사라진 그림을 보며 아이들은 마술이라고 재미있어 합니다. 물이 없는 공기 중에서와 물속에 들어갔을 때 그림의 모습이 달라지는 차이를 느끼게 해 줍니다.

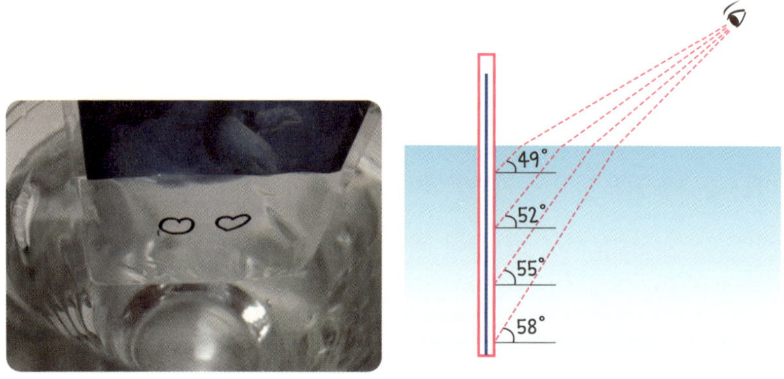

⬆ 물속으로 사라지는 글씨(그림)의 원리

　비닐 속은 공기이므로 물에서 공기로 빛이 지나갈 수 있어야 비닐 속의 그림을 볼 수 있습니다. 물 밖에서 그림을 바라보면 비닐이 있는 위치에서 빛의 방향은 49°가 넘습니다. 따라서 물속으로 들어간 비닐의 겉에 그린 그림은 볼 수 있지만 비닐 속의 그림은 볼 수 없는 것입니다.

　사라지는 그림을 만드는 또 다른 방법으로 물을 가득 채운 둥근 병 속에 그림을 넣어 돌리면서 관찰하는 방법이 있습니다.

준비물

- 빨간색으로 칠해진 눈사람 그림
- 검은색으로 눈사람 테두리를 그린 지퍼백
- 투명한 유리병

투명한 유리병에 물을 채우고 빨간색 눈사람을 그린 종이를 지퍼백 안에 넣습니다. 그런 다음 지퍼백 겉면에 검정색 유성펜으로 눈사람 테두리를 그린 뒤 유리병에 넣고 유리병을 돌리면서 그림을 살펴봅니다.

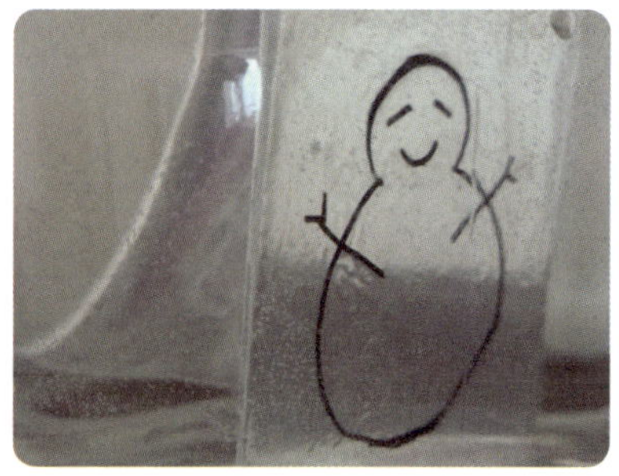

⬆ 정면에서 볼 때(왼쪽)와 유리병을 돌려 옆에서 볼 때(오른쪽)

빛이 물속에서 공기 중으로 나아갈 때, 경계면에 수직인 선부터 49°가 되는 선 사이에서만 굴절이 일어납니다. 경계면을 더 비스듬히 바라보는 각도에서는 공기 쪽을 볼 수 없고 거울처럼 반사된 빛을 보게 되어 전반사라고 부릅니다.

지퍼백이나 코팅지에 싸인 부분은 공기이기 때문에 지퍼백을 초록색으로 그렸습니다. 간단하게 보기 위해서 그림의 중간 부분을

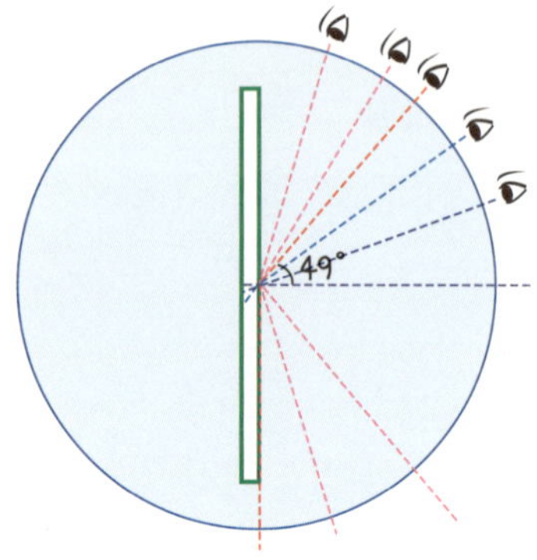

지나는 빛만 고려했습니다. 그림의 다른 부분도 같은 방법으로 그리면 됩니다.

49°보다 더 비스듬한 각도(빨간색 점선 방향)에서 보면 지퍼백 속의 눈사람이 빨간색이 아닌 유리병 반대의 물속이 반사되어 은색으로 보입니다. 지퍼백 속에 들어 있는 빨간 눈사람 그림의 중간 부분에서 나온 빛은 49°(파란색 점선 부분)까지 그린 부분에서 볼 때만 눈으로 들어올 수 있습니다. 지퍼백 바깥에 그린 유성펜 그림에서 나

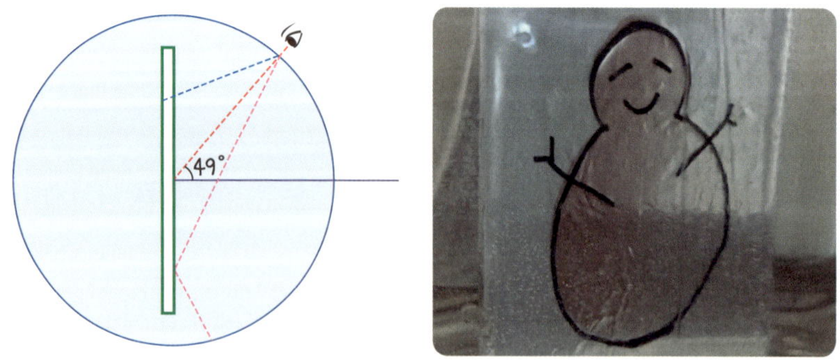

◎ 49°일 때의 위치에서 보면 눈사람의 색이 반만 보이게 됩니다.

온 빛은 어느 곳에서 보더라도 눈으로 들어오게 됩니다.

레인센서의 간단한 구조

레인센서는 유리창에 비스듬하게 LED 빛을 쏘아 전반사가 생기게 한 뒤 전반사된 빛이 도달하는 위치에 감지기(센서)를 달아놓습니다. 따라서 비가 오지 않는다면 전반사된 빛은 모두 감지기에 도착합니다. 그러나 빗방울이 하나씩 있으면 빗방울도 유리와 굴절률이 비슷하므로 빛이 그대로 지나갑니다.

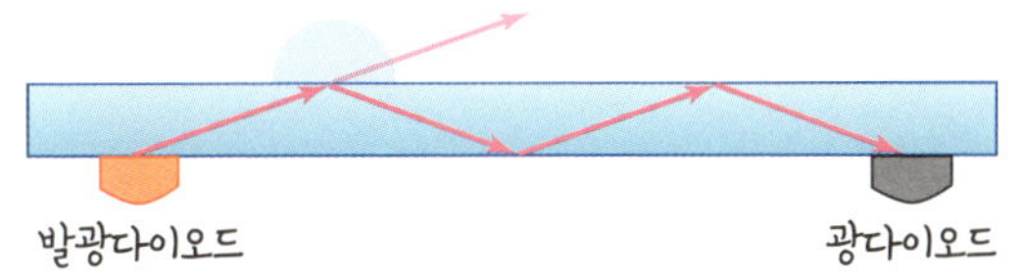

비가 내리면 빗방울이 없는 곳에서는 전반사가 일어나지만 빗방울이 있는 곳에서는 빗방울이 둥근 모양이기 때문에 전반사가 일어나지 않고 밖으로 나가버립니다. 따라서 유리창의 레인센서에 묻은 빗방울의 양이 많을수록 감지기에 도달하는 빛이 적어집니다.

유아나 **초등 저학년**인 경우 전반사 실험을 해 보거나 레인센서의 존재만 알려 줍니다.

초등 고학년이면 물과 공기에서 빛의 방향이 달라지는 것을 알고, 나중에 전반사를 이해해야 할 때를 대비해서 유리병을 돌려가면서 그림이 보이는지 사라지는지 알아둡니다.

중학생이라면 '다이아몬드가 반짝거리는 이유'나 '광통신의 원리'와 연관 지어 전반사의 원리를 이해하도록 도와줍니다. 또 전반사를 이해하는 아이라면 구체적으로 어느 면에서 어떤 광선이 눈에 보이는지 그림을 보고 이해하면 좋습니다.

📖 교과과정

— **초등 5학년** 빛의 성질
— **중등 2학년** 빛과 파동

숲속에서 나는 향긋한 내음은 에어로졸

빗속을 운전한 끝에 숲에 도착하고 나니 비가 그치고 햇살이 비치네요. 미르와 같이 숲속을 걷기로 했어요. 비가 그친 직후에 숲속을 걷다 보니 숲 향기가 코끝을 스칩니다.

"오늘 좋은 냄새가 많이 나는 것 같아."

"미르야, 그건 비가 온 뒤라 숲이 촉촉해져서 그래."

"아, 그렇구나."

"비가 내리면 빗방울에 나무에서 나는 좋은 냄새를 가진 물질들이 녹아서 공중에 떠다닌다고 해."

"그래서 소나무 냄새가 나는구나."

"맞아, 그래서 화장실에서 물을 내릴 때도 나쁜 세균이 물에 녹아서 떠돌아다닐 수 있대."

에어로졸

에어로졸은 공기 중에 떠다니는 작은 고체 및 액체 알갱이를 말합니다. 주로 액체 입자가 충격을 받아 알갱이가 작게 부수어지고, 그 크기가 아주 작아 대기 중에 떠다니게 됩니다. 에어로졸은 지름이 수 나노미터(nm)부터 수십 마이크로미터(μm)까지 이릅니다. 일반적인 성인의 머리카락 지름이 70~90마이크로미터이므로 에어로졸의 크기를 상상해 볼 수 있습니다.

비가 오면 땅이나 나무에 부딪힌 물방울이 아주 작은 알갱이로 부서집니다. 그리고 땅에 있던 식물에서 만들어진 기름이나 흙, 돌에 함유된 수용성 광물 성분이 에어로졸에 녹아 함께 공기 중을 날아다닙니다.

숲은 나무가 만들어낸 피톤치드가 항균 작용도 하면서 우리가 느끼기에 좋은 향을 내고 있습니다. 피톤치드는 휘발성 유기 화합물이기 때문에 평소에도 숲속에서 향기를 맡을 수 있지만, 비가 오면 숲의 향을 내는 물질이 물에 녹아 공중에 떠다니는 에어로졸이 많이 만들어집니다. 때문에 비가 그친 직후 숲 향기가 더욱 좋게 느껴지는 겁니다.

몇 년 전 MIT에서 에어로졸이 만들어지는 순간을 촬영한 기사를 본 적이 있습니다. 이 실험에 한국인 연구원이 참여했다니 반가운 마음이 듭니다. 이 실험은 지표면의 바이러스가 높은 고도의 대기 중에서 발견되는 것을 연구하기 위한 과정이었다고 합니다.

화장실의 에어로졸

급할 때는 화장실에 커피나 음료를 종종 들고 가곤 합니다. 건강에 위협을 주는 행동이지만 에어로졸을 알기 전에는 그 심각성을 알지 못합니다. 그런데 변기의 물을 내릴 때에도 에어로졸이 발생해 바이러스가 에어로졸과 함께 주변에 있는 수건이나 물건으로 옮겨갈 수 있습니다. 그러므로 뚜껑을 닫고 물을 내리는 것이 안전합니다.

에어로졸은 액체의 점도가 높으면 생기지 않습니다. 이러한 성질을 이용한 에어로졸 방지 변기 세정제가 상품으로 만들어져 판매되고 있습니다.

탄산음료의 에어로졸

콜라나 샴페인을 컵에 따르면 보글보글 거품이 생기면서 포도 향이나 콜라 향이 확 느껴집니다. 인공적으로 이산화탄소를 녹여서 만든 탄산음료는 컵에 따를 때 기포가 터지면서 아주 작은 액체 방울이 되어 공기 중으로 떠오르게 됩니다. 이때 액체 방울 속에 녹아 있던 콜라 향을 느끼는 것입니다.

사람에게 유익하거나 기분 좋게 만드는 에어로졸도 있지만, 이와 반대로 유해 물질이나 바이러스도 에어로졸과 함께 공기 중에 떠다닐 수 있습니다. 그러니 환경을 향한 관심을 더 많이 가지는 것이 중요할 것입니다.

유아나 초등 저학년인 경우 눈에 보이지는 않지만, 공기 중에 떠다니는 존재가 있다는 사실을 알려 줍니다.

초등 고학년이나 중학생이라면 공기 중에 기체 상태만 존재하는 것이 아니라 액체나 고체 상태의 알갱이도 떠다닌다는 사실을 이야기해 줍니다.

교과과정

— **초등 3학년** 물체와 물질

— **중등 2학년** 물질의 특성

뿌옇게 변했다가 투명해지는 지상철의 미스트글라스

미르와 지상철을 타고 나들이에 나섰습니다.

"높은 곳에서 밖을 바라보는 게 더 재미있지?"

"응! 차를 타고 갈 때보다 더 잘 보여."

미르가 신나서 밖을 바라보고 있는데, 갑자기 유리창이 뿌옇게 변하면서 밖을 볼 수 없게 되었어요.

"엄마, 이건 왜 이런 거야?"

"지상철을 타면 밖이 잘 보이는 만큼 근처에 있는 아파트 내부도 잘 보이겠지? 그러면 아파트에 살고 있는 사람들이 불편할 수 있으니 가려주는 거야."

"이건 운전하는 아저씨가 조정하는 거야?"

"엄마도 잘 모르겠지만 자동으로 그렇게 되는 것 같아. 집에 가서 찾아보자."

미스트글라스

지상철을 타면 지하철과는 달리 주변의 경관을 즐기면서 갈 수 있어 처음 지상철을 타는 아이들은 아주 즐거워합니다. 지금도 지상철을 타고 아이들과 목적지 없이 밖을 즐기는 모습을 종종 볼 수 있습니다. 아이들이 가장 흥미로워하는 것은 바깥이 잘 보였던 창문이 갑자기 뿌옇게 변하는 것입니다.

대구의 3호선 지상철은 도심을 지나가기 때문에 아파트나 고층 건물의 사생활을 보호하기 위해 투명했던 지상철 유리창이 뿌옇게 변합니다.

요즘은 이러한 유리를 집안 인테리어에 이용하기도 합니다. 유리창으로 공간을 분리해서 투명하게 사용하다가 스위치를 누르면 유리창이 뿌옇게 변해서 커튼을 따로 사용하지 않아도 안쪽을 볼 수 없도록 하는 것입니다.

미스트글라스의 원리

대구 지상철 3호선에는 창문 흐림 장치(미스트글라스)가 설치되어 있습니다. 창문 흐림 장치는 두 장의 유리 사이에 특수한 필름이 내장되어 있어, 이 필름에 전원을 공급하면 맑게 보이고, 전원을 차단하면 필름이 불투명하게 되는 원리를 이용한 것입니다. 대구 지상철 3호선은 운행 누적 거리 값을 계산하여 창문 흐림 장치가 자동으로 작동하도록 되어 있습니다.

액정liquid crystal은 보통 상태에서는 전기장의 방향을 90° 바꾸고, 전압을 걸어주면 전기장의 방향을 바꾸지 않습니다. 액정은 두 편광판 사이에 위치해 있습니다. 모든 방향에 대한 전기장을 가지는 빛이 한 편광판을 통과하고 나면 한 방향에 대한 전기장을 가진 빛

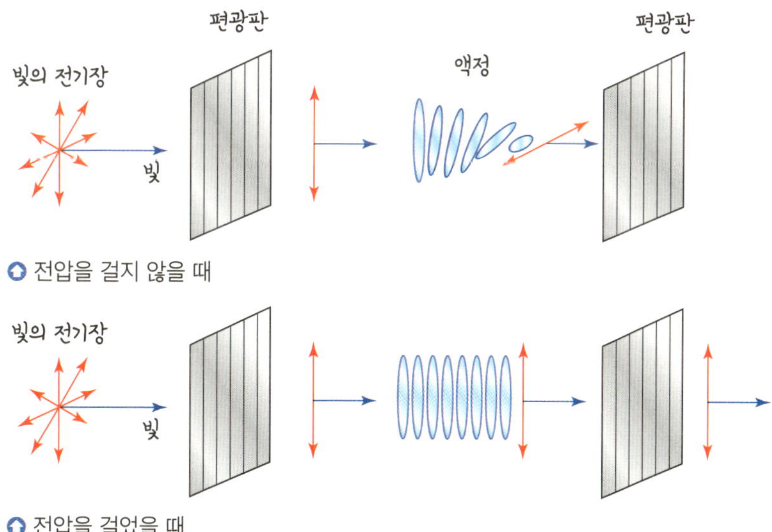

● 전압을 걸지 않을 때

● 전압을 걸었을 때

만 남습니다. 액정을 통과한 후 빛은 다시 편광판을 통과합니다.

전압을 걸지 않으면 액정은 빛의 전기장 방향을 90° 바꾸고, 이 빛은 두 번째 편광판을 통과하지 못합니다. 그러나 두 번째 편광판의 방향을 90° 돌리면 전압을 걸지 않을 때 빛이 통과할 수 있습니다. 모니터에서 사용하는 LCD의 경우에는 편광판을 90° 바꾸어 두어 전압을 걸어주면 빛이 차단됩니다. 액정의 원리는 부록에 자세히 적어두겠습니다.

반면 전원을 연결하면 빛을 통과시켜 투명해집니다. 지상철의 경우에는 일정한 속력으로 운행되기 때문에 미리 어느 위치에 올지 시간을 알 수 있어서 자동으로 전원을 넣었다 끊었다 하면서 조절합니다.

눈높이 맞춤 학습법

유아나 초등 저학년인 경우 신기한 창문의 존재를 알려 줍니다.

초등 고학년이나 중학생이라면 액정이나 편광은 중등 과정에서 알 필요는 없지만 다양한 물질이 존재한다는 사실을 알려 주고, 속력과 시간을 알면 위치를 계산할 수 있으므로 이를 적용한다는 사실을 알려 줍니다.

교과과정

— **초등 6학년** 물체의 운동

— **중등 2학년** 빛과 파동

— **중등 3학년** 운동과 에너지

바위는 어떻게 만들어졌을까요?

미르와 함께 암석을 관찰할 수 있는 다양한 곳을 찾아보다 퇴적암과 화성암을 동시에 볼 수 있는 동해에 가기로 했어요.

"엄마, 돌은 어떻게 만들어져?"

"바위가 깨져서 돌멩이가 되지."

"그럼 바위는 어떻게 만들어져?"

"흙과 돌멩이가 쌓여 아주 오랫동안 눌려 단단해지기도 하고, 땅속에서 솟아난 뜨거운 용암이 식어서 만들어지기도 하지. 우리 바위 구경하러 가 볼까?"

암석은 퇴적암과 화성암, 그리고 변성암으로 분류할 수 있습니다. 포항의 호미곶에는 퇴적암이 잘 드러나 있는 바닷길이 있고, 남쪽으로 멀지 않은 경주에는 화성암의 아름다운 모습인 주상절리를 볼 수 있는 곳이 있습니다.

퇴적암

퇴적암은 돌멩이와 흙, 유기물들이 차곡차곡 쌓여 위에서 누르는 힘이 생기고, 아래쪽에서는 눌리면서 물은 빠져나가고 쌓여 있는 퇴적물들이 단단하게 결합해서 생기는 암석입니다. 그렇기 때문에 퇴적암에서는 켜켜이 쌓여 있는 모습을 볼 수 있습니다. 특히 퇴적물 사이에 같이 있던 생명체의 흔적이 있는 화석을 통해 이전 시대의 생물에 대한 연구와 더불어 굳어진 자성체의 흔적으로 대륙의 이동도 연구할 수 있는 자료가 되고 있습니다.

⬆ 하선대의 여왕바위과 선바우길 퇴적암

화성암

뜨거운 마그마가 식어 만들어진 암석을 화성암이라고 합니다. 마그마가 급히 식으면 입자의 크기가 작은 화산암이 되고, 지각 깊은 곳에서 천천히 식으면 입자의 크기가 큰 심성암이 만들어집니다. 그리고 용암이 물속에서 급격히 식으면 기둥 모양으로 뭉쳐져 주상절리가 됩니다.

물속에서 급격하게 식다 보면 한 덩어리가 되기 어렵고 서로 갈

⬢ 화성암(경주 주상절리)

라지게 됩니다. 한 평면에 놓일 수 있는 정다각형은 정삼각형, 정사각형, 정육각형입니다. 용암이 식으면서 뭉쳐질 때, 육각형으로 만들어지는데, 육각형이 가장 고르게 힘을 받게 되는 원 모양에 가깝기 때문입니다. 그래서 주상절리의 단면은 육각형의 형태가 많습니다.

아이들이 퇴적암과 화성암에 대해 배우기 전이라도 바위가 이렇게도 만들어질 수 있다는 사실을 보고 나면, 과학 시간에 퇴적암이나 현무암, 화강암에 대해 배우게 될 때 낯설지 않고 오히려 반갑게 여길 수 있습니다.

눈높이 맞춤 학습법

유아나 초등 저학년인 경우 암석이 다양한 방법으로 만들어질 수 있다는 것을 알려 줍니다.

초등 고학년이나 중학생이라면 퇴적암의 종류와 화성암의 종류를 찾아보고 변성암이 되는 과정도 공부해 보면 좋습니다.

겨울철 얼어 있는 강에서 잘 살 수 있는 물고기

날씨는 춥지만 겨울 나들이도 아주 즐겁습니다. 강에는 얼음이 얼어 있고 얼음 아래로는 물이 졸졸 흐르고 있어요. 미르는 아빠가 만들어 준 얼음썰매를 타고 신나게 놀고 있습니다.

"미르야, 강 위는 꽁꽁 얼어서 썰매를 탈수 있지만, 강 아래에는 물이 졸졸 흐르고 있지?"

"응, 물이 흐르고 있는 거 보여."

"강은 위에서부터 얼어. 만약 강물 아래에서부터 물이 언다면 물고기가 살아갈 수 없겠지?"

"그렇구나. 그런데 물은 왜 위에만 얼어?"

"물에 얼음을 넣으면 얼음이 물 위로 뜨지? 얼음이 위로 떠오르는 것처럼 얼 정도로 차가운 물이 위로 올라가서 위에서부터 어는 거야. 그런데 반대로 여름에는 물 위가 따뜻하고 물 아래가 더 시원해."

"우와, 신기하다."

온도와 물의 밀도

대부분의 물질은 온도가 낮아지면 분자의 움직임이 둔해져 부피가 줄어들고, 따라서 밀도는 커집니다. 반면 온도가 높아지면 분자의 움직임이 활발해지므로 차지하는 부피가 커져 밀도가 작아집니다.

물의 경우 4°C보다 높은 온도에서는 다른 물질과 마찬가지로 온도가 낮아질수록 부피가 줄어듭니다. 하지만 4°C보다 낮은 온도에서는 물 분자가 덜 활발하게 움직이면서 수소와 산소가 연결되어 육각형 구조를 만들면서 더 큰 부피를 차지하게 됩니다. 그래서 물은 4°C일 때 부피가 가장 작고, 밀도가 가장 커지게 됩니다.

물의 온도가 낮아지면 밀도가 가장 큰 4°C의 물이 아래로 내려가고, 얼기 시작한 밀도가 작은 물이 위로 가서 강물 위부터 얼게 됩니다. 섭씨 4°C인 물의 밀도가 가장 작은 이유는 얼음이 물보다 부피가 늘어나는 원리(24쪽)에, 부력에 대해서는 부록에 자세히 적어 두었습니다.

유아나 초등 저학년인 경우 물이 위에서부터 언다는 사실을 알려 줍니다.

초등 고학년이면 대부분의 물질은 온도가 내려갈수록 부피가 줄어들지만, 물의 경우 4°C에서 밀도가 가장 작다는 것을 알려 줍니다.

중학생이라면 밀도가 작아지는 원인에 대한 물의 특성과 얼음이 위에서부터 어는 것이 부력과 관련되어 있다는 것에 관해 이야기해 봅니다.

📖 **교과과정**

— **초등 4학년** 물의 상태 변화
— **중등 1학년** 물질의 상태 변화
— **중등 1학년** 힘의 작용
— **중등 2학년** 물질의 특성

안전을 위한 로드 브레이크

이번 여행지는 바다로 정했습니다. 바다에 가기 위해 가는 도중 한쪽이 빨간색으로 칠해져 있는 도로를 볼 수 있었어요.

"미르야, 여기를 보면 길 한쪽만 빨간색이지? 우리 내려서 어떤지 살펴볼까?"

"빨간색이 있는 곳은 우툴두툴해."

"굽어 있는 곡선 도로나 내리막길에서 차가 빠르게 달리면 위험하겠지?"

"울퉁불퉁하면 왜 안전한 거야?"

"얼음 위에서 걸을 때는 미끄러워서 잘 걸을 수 없지? 빨리 달리는 차는 휘어진 길에서 미끄러지기 쉽거든. 길을 거칠게 만들어두면 미끄러지지 않고 도로를 잘 달릴 수 있어서 그런 거야."

좀 더 가다 보니 이번에는 홈을 파 놓은 곳이 나왔어요.

"미르야, 이 길은 왜 거칠게 홈을 파 놓았을까?"

"응, 이제 알아. 미끄러지지 말라고 그런 거야."

로드 브레이크

속도를 내기 좋은 내리막길에서는 자동차 바퀴와 바닥 사이의 마찰력을 크게 만들어 속력이 빨라졌을 때도 덜 미끄러지도록 설치한 것이 '로드 브레이크'입니다. 바닥에 울퉁불퉁한 덧칠을 하거나 도로를 만들 때 홈을 내기도 합니다.

경사면에서의 속력

운전을 하다 보면 내리막길에서는 가속 페달을 밟지 않아도 속력이 더 빨라지는 것을 누구나 경험한 적이 있을 겁니다. 지구가 당기는 중력이 수평으로는 작용하지 않기 때문에 평지를 달릴 때는 자동차의 속력에 영향을 주지 않습니다. 그러나 자동차가 달리는 길이 기울어지면 상황이 달라집니다. 중력의 일부가 기울어진 도로와 나란한 방향으로 작용하고 있어서 자동차의 속력을 더 빠르게 만들기 때문입니다.

마찰력

사람이 물체를 밀 때 물체가 꼼짝도 하지 않는 이유는 물체를 미는 힘과 같은 크기로 바닥이 물체를 반대 방향으로 밀고 있기 때문입니다. 이러한 힘을 '정지 마찰력'이라고 합니다. 그러다 힘을 더 세게 주면 물체가 움직이기 시작합니다. 움직이기 바로 직전에 최대 크기의 정지 마찰력이 작용하는데, 이를 최대 정지 마찰력이라고 합니다. 즉 물체는 최대 정지 마찰력보다 큰 힘을 주면 움직이기 시작합니다.

간혹 자동차가 움직이고 있으니 운동 마찰력이 작용하는 것이라고 혼동하는 학생들이 있습니다. 바퀴는 바닥과 맞물려 돌아가고 있기 때문에 정지 마찰력이 작용하고 있습니다. 운동 마찰력은 서로 닿아 있는 물체의 부분이 서로 스쳐 지나갈 때, 면 사이에 작용하는 마찰력입니다. 맞물려 돌아가는 바퀴는 닿았다가 떨어지는 상황이므로 서로 스치는 것이 아니라 정지 마찰력이 작용하는 위치가 달라지는 것입니다. 이러한 방법으로 운동 마찰력과 정지 마찰력을 구별하면 쉽습니다.

자동차는 내리막에서 속력이 저절로 빨라집니다. 이때 바닥의 최대 정지 마찰력이 작을 경우 미끄러지기가 더 쉽습니다. 오르막에서는 볼 수 없지만, 사진에서 볼 수 있듯이 내리막 곡선 도로에는 빨갛게 바닥을 덧대어 놓거나 바닥에 홈을 파 놓습니다.

다음은 도로의 빨갛게 색칠된 부분을 가까이에서 찍은 사진입

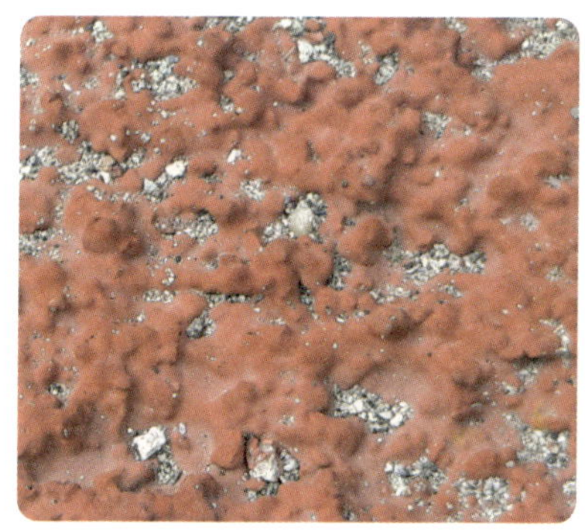

니다. 울퉁불퉁한 구조로 마찰계수가 큰 물질로 만들어져 있습니다.

자동차 바퀴는 굴러가면서 정지 마찰력에 의해 미끄러지지 않고 달릴 수 있습니다. 그런데 자동차가 미끄러지면 핸들로 방향을 조절할 수 없어서 도로 밖으로 나갈 수 있는 위험한 상황이 생길 수도 있습니다. 따라서 자동차가 쉽게 미끄러지지 않도록 하기 위해 바닥에 마찰계수가 큰 물질을 바르거나 바닥에 홈을 내어 최대 정지 마찰력을 크게 만듭니다.

직선 경로일 때는 도로의 기울기가 중요하지만 도로가 굽어 있는 경우라면 자동차의 속력도 아주 중요합니다. 국도의 경우, 내리막인 곡선 도로가 많이 있습니다. 도로가 많이 굽어 있을수록 속력이 조금만 빨라져도 최대 정지 마찰력이 아주 커야 미끄러지지 않습니다. 그렇지 않으면 자동차가 도로 밖으로 미끄러져 나가 아주 위험합니다. 이럴 때는 도로의 로드 브레이크만 믿지 말고 속력을 줄이면 미끄러지지 않고 안전한 운전을 할 수 있습니다.

유아나 초등 저학년의 경우 길 한쪽에만 홈이 있거나 오톨도톨하게 만든 빨간 길이 있다는 것을 알려 줍니다.

초등 고학년에게는 바닥의 홈이나 빨간색의 로드 브레이크가 마찰력을 높여서 차가 미끄러지지 않게 한다는 것을 알려 줍니다.

중학생이라면 자동차에 작용하는 마찰력이 정지 마찰력이라는 것과 로드 브레이크의 역할을 함께 알려 주고 정지 마찰력과 운동 마찰력의 차이점도 함께 이야기해 보면 좋습니다.

📖 교과과정

— **초등 3학년** 힘과 우리 생활
— **중등 1학년** 힘의 작용(마찰력)

식당의 주문 벨

오랜 시간 차를 타고 이동해 여행지에 도착했어요. 먼저 식사를 하기 위해 식당으로 들어갔어요. 식탁에 붙어 있는 벨을 누르니 직원이 와서 주문을 받네요.

"미르야, 우리가 벨을 누르면 식당 직원들은 우리가 눌렀는지 어떻게 알고 우리 테이블에 찾아오는 걸까?"

"우리가 누르는 걸 본 거 아닐까?"

"저기 한번 보렴. 우리가 앉은 테이블 번호가 적힌 곳에 불이 켜져 있지?"

"아! 그래서 직원들이 벨을 누른 테이블이 우리인지 알았구나."

"각 테이블의 벨마다 신호가 달라서 해당 번호에 불이 켜지는 거야."

식당에서 테이블에 있는 주문 벨을 누르면 직원은 어느 테이블에서 눌렀는지 알고 찾아옵니다. 또 커피숍에서는 주문을 하면 진동 벨을 하나 건네주고, 주문한 음료가 완성되면 건네받은 진동 벨에서 진동이 울립니다.

진동 벨이나 호출 벨은 무선호출기(삐삐) 기술을 그대로 사용해서 만들어진다고 합니다. 전선을 통한 전화도 신기하지만, 무선으로 신호를 주고받는 일은 더 대단하게 느껴집니다.

최초의 무선 통신 – 헤르츠 실험

과학자들은 전자기파의 존재는 알고 있었지만, 이를 확인할 수 있었던 건 1886년 헤르츠가 전자기파를 만들고 검출하는 실험을 통해서였습니다.

헤르츠가 전자기파를 만들고 검출한 실험 장치의 사진을 보고 그린 그림입니다. 왼쪽은 발생 장치, 오른쪽은 검출 장치입니다. 발생 장치는 놋쇠로 만든 둥근 전극을 아주 가까이 두고 둥근 전극에

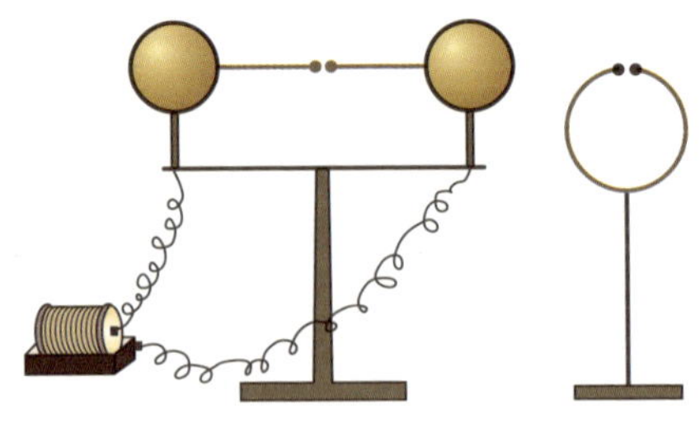

○ 헤르츠의 전자기파 실험

고전압을 걸어서 공기 중에서 방전이 일어나게 합니다. 이때 만들어진 전자기파가 퍼져 나가 고리 모양의 원형 도선에서 전류를 만드는데, 이로 인해 위쪽의 자그마한 전극에서 작은 불꽃의 방전이 일어나게 됩니다. 이 전자기파를 전류로 바꾸는 것이 안테나입니다. 헤르츠의 업적을 기리기 위해, 주파수의 단위로 헤르츠(Hz)가 사용되고 있습니다.

라디오

무선 통신 기술이 만들어진 뒤, 1920년에 상업용 라디오 방송이 시작되었습니다. 특정 주파수의 전파를 보내면 라디오에서는 축전기와 코일을 사용해서 같은 주파수일 때만 전류가 많이 흐르게 하는 공명을 이용해서 해당 주파수를 들을 수 있습니다. 각 통신사에서 사용할 주파수 대역 할당이나 비용에 대한 뉴스를 접할 수 있습니다. 음성 신호는 전파를 변조(AM, FM)해서 보내게 됩니다.

진동 벨

진동 벨의 경우, 송신기에서 1번을 누르면 MCU_{micro controller unit}라는 반도체 칩에서 1번의 메시지를 만들어 전파에 실어 보냅니다. 10개의 진동 벨(수신기)이 있다면 모두 이 신호를 받아서 수신기 내부의 MCU 칩에서 분석하고 자신의 번호에 해당하면 진동하도록 설계되어 있습니다.

어떤 주파수를 사용하는지 궁금해 검색해 보니 링크맨이라는 진동 벨이 제품 사양을 표시해 두었네요. 링크맨 홈페이지에 따르면 447 MHz의 주파수를 사용한다고 되어 있는데, 이는 가시광선 주파수의 약 백만 분의 일 정도입니다. 메시지를 만드는 방법은 진동수 변조 방식을 사용한다고 합니다.

삐삐 기술을 보유하고 있던 리텍이라는 회사는 오늘날 진동 벨의 최다 생산 회사로 알려져 있습니다. 삐삐가 사라지면 회사가 없어질 수 있는 환경에서도 다른 필요에 대한 빠른 대처로 더 큰 회사로 발전한 이야기를 함께 나누어 보는 것도 과학을 떠나 아이들에게 도움이 될 듯합니다.

눈높이 맞춤 학습법

유아나 초등 저학년인 경우 호출 벨이나 진동 벨이 라디오나 삐삐와 비슷한 원리로 신호를 주고받는다는 것을 알려 주면 좋습니다.

초등 고학년이나 중학생의 경우 이번 주제의 과학 원리는 다소 어렵습니다. 때문에 간단한 무선 통신이나 전자기파의 존재 정도만 이야기하고 시사문제에서 통신 사업자의 주파수 할당 문제나 드라마에서 볼 수 있는 삐삐가 초기의 무선 통신이었다는 것을 이야기해 보면 좋을 듯합니다.

물속에 있는 물체가
더 크게 보이는 이유

어느 더운 날, 맑은 강으로 나들이를 나갔어요. 신이 난 미르는 바로 맑은 강물에 발을 담가 보네요.

"엄마, 내 발 좀 봐. 내 발이 뚱뚱해졌어."

"미르야, 미르 다리도 더 짧아 보이네."

물 밖으로 나온 미르는 다리와 발을 살펴보고, 다시 물에 들어가면서 고개를 갸우뚱 기울입니다.

"미르야, 물이 담긴 컵에 젓가락을 넣었을 때 어땠는지 생각나?"

"응, 그때 젓가락이 꺾여 보였어."

"맞아. 빛은 공기 중에서 물속으로 들어갈 때 경계면에서 꺾여서 지나가거든. 그래서 이렇게 보이는 거야."

빛의 굴절

물속에 있는 물체는 물 바깥에서 볼 때보다 더 크게 보입니다. 물속에 발을 담그면 물에 담근 발이 더 가까워 보이기도 합니다. 이

○ 물속에서는 실제 위치보다 떠올라 있는 것처럼 보이는 물고기
(참고: 과학 6-1, 교육부)

것은 빛이 공기 중에서 물속으로 지나갈 때 똑바로 나아가지 않기 때문에 일어나는 현상입니다. 빛은 물속에서의 속력이 공기 중에서의 속력보다 느립니다. 이처럼 물질에 따라 통과하는 속도가 다르기 때문에 빛이 꺾이게 되는데, 이러한 현상을 빛의 굴절이라고 합니다.

위의 그림에서 물고기와 사람의 눈 사이의 가장 짧은 거리는 직선입니다. 빛의 속력은 공기 중에서보다 물속에서 느리기 때문에, 물고기에서 반사된 빛은 물고기와 눈 사이에서 가장 빨리 갈 수 있는 경로로 가기 위해, 물과 공기의 경계에서 가던 경로가 꺾여 지나가게 됩니다.

교과서에서 사람이 생각하는 물고기의 위치를 표현한 그림이 완전히 정확한 것은 아닙니다. 좀 더 고민해 보고 싶으신 분들을 위해 부록에서 좀 더 자세히 다루어 보았습니다.

유아나 초등 저학년인 경우 물속에서 보이는 모습이 공기 중에서 보이는 모습과 다르다는 것을 알려 줍니다.

초등 고학년이면 빛의 굴절로 인해 물속에 있는 물체가 더 커 보이고 실제 위치보다 떠올라 있는 것처럼 보인다는 것을 이야기해 봅니다.

중학생이라면 빛이 공기에서 물로 들어갈 때 경로를 그려 보면서 굴절을 이해하도록 도와줍니다.

교과과정

— **초등 5학년** 빛의 성질
— **중등 2학년** 빛과 파동

눈이 내린 날에는 왜 도로에 염화칼슘을 뿌릴까요?

평소에 눈을 잘 볼 수 없는 지역에 살다가 눈이 내리는 곳으로 여행을 가면 즐거움은 배가 됩니다. 길에 눈이 많이 쌓이자 사람들이 눈을 치우면서 남은 눈에 염화칼슘을 뿌리고 있네요.

"엄마, 아저씨들이 눈에 소금 같은 걸 뿌리고 있어."

"소금이랑 비슷한 거 맞아. 저건 염화칼슘이야."

"그런데 눈에 왜 뿌리는 거야?"

"눈이 얼면 길이 미끄러워지겠지? 그런데 염화칼슘을 뿌리면 눈이 잘 얼지 않아. 그래서 염화칼슘을 뿌리는 거야."

"염화칼슘을 뿌리면 왜 잘 얼지 않는 건데?"

"그건 엄마도 자세히는 모르는데, 미르가 나중에 학교에서 배우게 될 거야."

"응, 나중에 학교에서 배우면 엄마한테도 가르쳐 줄게."

"얼음에 소금을 뿌리면 얼음이 0℃보다 더 낮은 온도에서 녹는대. 우유를 담은 그릇에 소금을 뿌린 얼음을 넣고 저으면 우유 아이스크림을 만들 수도 있어."

"엄마, 집에 가서 우리도 만들어 보자."

어는점 내림

눈이 녹았다가 밤에 온도가 내려가서 다시 얼면 아주 위험합니다. 도로에 염화칼슘을 뿌리는 이유는 눈이 얼어 도로가 미끄러워지는 것을 방지하기 위한 것입니다. 자동차는 바퀴와 도로의 마찰력이 충분히 커야 바퀴가 잘 돌아갑니다. 그러나 도로의 눈이 얼면 최대 정지 마찰력이 작아져 자동차 바퀴가 돌지 않고 미끄러질 위험이 있습니다.

눈에 염화칼슘을 뿌리면 소금물처럼 0°C보다 낮은 온도에서 눈이 얼게 됩니다. 염화칼슘도 소금처럼 이온 결합으로 이루어져 있는데, 소금물과 같은 원리로 0°C보다 낮은 온도에서 어는 것입니다.

물에 소금이 녹아 있으면 염화 이온과 나트륨 이온으로 분리됩니다. 양이온인 나트륨 이온은 음이온인 산소를 당기고, 음이온인 염화 이온은 양이온인 수소를 당깁니다.

얼음은 규칙적으로 물 분자끼리 결합해야 합니다. 얼음이 얼기 위해서는 물 분자끼리 결합해야 하는데, 액체인 물 분자 사이에 있는 나트륨 이온과 염화 이온이 물 분자 사이의 결합을 방해하게 됩니다. 따라서 순수한 물 분자가 결합해서 어는 온도인 0°C에서도 소금물은 얼지 않습니다.

0°C보다 더 낮은 온도가 되어서야 운동 에너지가 작아져서 물

분자 사이의 전기적 결합력이 상대적으로 역할을 할 수 있게 되면서 물 분자끼리 결합하여 얼게 됩니다. 온도가 더 낮아져서 얼기 시작하면 물 분자끼리 결합하고 남은 액체인 물에 녹아 있는 소금의 농도가 더 높아지고, 이로 인해 어는점은 점점 더 낮아집니다. 이 원리를 이용하면 얼음에 소금을 뿌리고 우유를 저어 아이스크림을 만들 수도 있습니다.

한편, 염화칼슘이 뿌려진 눈길을 다닌 후에는 꼭 세차를 해야 합니다. 염화칼슘은 금속을 잘 부식시키는 성질이 있기 때문입니다.

🔍 눈높이 맞춤 학습법

유아나 **초등 저학년**인 경우 우유로 아이스크림을 만들어 먹으면서 이야기를 나누어 봅니다.

초등 고학년이면 주변에서 물에 소금을 녹여 활용하는 예를 찾아봅니다. 조금 과장해서 예를 들자면, 라면을 끓일 때 스프를 먼저 넣으면 맛있는 이유도 이렇게 설명할 수 있습니다.

중학생이라면 혼합물의 어는점이 낮아지고 끓는점이 높아지는 이유를 알아봅니다.

📖 교과과정

— **초등 5학년** 용해와 용액
— **중등 2학년** 물질의 특성(혼합물의 어는점)

트레비 분수의 물은 어디에서 왔을까요?

로마 트레비 분수에 도착했어요. 많은 사람들이 분수를 바라보고 있고, 분수 앞에서 동전을 던지는 사람들도 있네요.

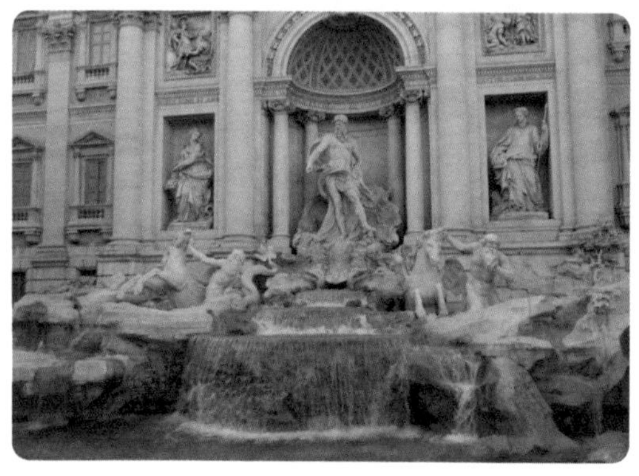

"미르야, 분수가 참 예쁘지? 물은 어떻게 저렇게 솟아오를 수 있을까?"

"나 알아! 책에서 펌프가 물을 끌어올리는 거 봤어."

"이 분수는 너무 옛날에 만들어져서 펌프 같은 건 없었을 텐데?"

"그럼 펌프 없이 어떻게 물을 솟아오르게 하지?"

"높은 산에 있는 물을 연결해서 분수를 만들었대."

사이펀의 원리

동전을 던진 많은 사람들의 소원을 품고 있는 트레비 분수의 물은 어디에서 오는 걸까요? 지금으로부터 2000년도 더 전의 로마에서는 펌프와 같이 물을 끌어올리는 기술이 없었습니다. 그렇다면 어떻게 분수를 만들었을까요? 로마는 기원전부터 도시의 물을 로마에서 수십 킬로미터 떨어진 곳에 있는 강에서 끌어와서 식수원으로 사용했다고 합니다.

로마에 가면 곳곳에서 수로의 흔적을 볼 수 있습니다. 트레비 분수의 물은 아쿠아 베르지네 수로로부터 공급됩니다. 이 수로는 아그리파 황제가 자신의 이름을 붙인 아그리파 목욕탕에 물을 넣기 위해 만들진 것으로, 로마로부터 13 km 떨어진 샘물을 우회해서 끌어왔다고 합니다.

아쿠아 베르지네 수로는 로마로 들어오는 수로 중 일곱 번째로 만들어진 수로입니다. 수원지는 대개 로마보다 높은 곳에 있어서 경사가 있는 관을 통해서 물을 끌어옵니다. 수로의 경사는 1 km 떨어진 수로의 높이 차이가 1 m 정도에 불과합니다. 하지만 중간에 깊은 계곡도 있고 얕은 계곡도 있는데 경사만으로 물을 옮기기는 쉬운 일이 아닙니다.

요즘은 펌프로 물을 쉽게 끌어올릴 수 있어서 생각하지 못할 수도 있지만 펌프가 없는 시절부터 만들어진 분수는 신기할 수밖에 없습니다.

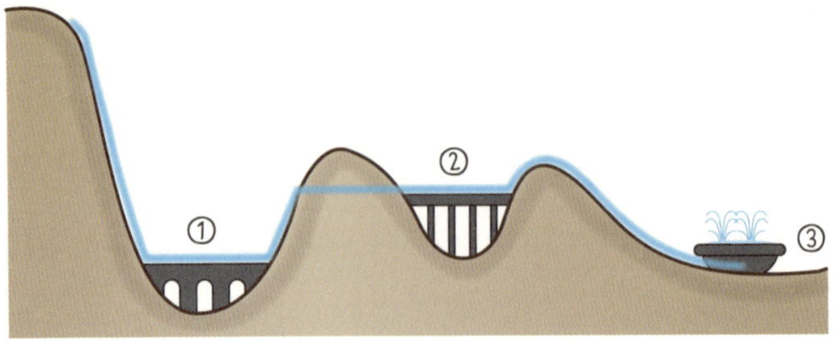

위의 그림에서 굵은 파란색 선을 물길이라고 해 보겠습니다. ②번과 같이 얕은 계곡은 수로를 통해 물이 지나가게 하고 ①번 계곡처럼 너무 깊은 계곡은 수로를 낮게 만들 수밖에 없습니다. 그림에서 ①번의 오른쪽을 보면 물이 높은 곳으로 거슬러 올라가는 것이 보입니다. 물이 아래로 흐르지 않고 위로 올라가는 것이 이상하게 보일 수도 있을 겁니다.

마찰 때문에 물의 에너지가 줄지만 않는다면 ③번의 분수는 ①번 왼쪽의 언덕 높이까지 솟아오를 수도 있습니다. 실제로는 마찰이 크기 때문에 그렇게 높게 솟아오르지는 못합니다. 하지만 ③번의 위치에 있는 분수에서 솟아오르는 물줄기를 즐기기에는 충분합니다. 펌프가 없었던 시절에 분수를 만들 수 있었던 과학이 숨어 있었던 겁니다.

'사이펀의 원리'라고 부르는 이 원리는 계영배라는 잔에도 적용됩니다.

계영배의 단면 사진을 보면 처음 술을 채울 때는 ②번까지 채워도 술이 잔 아래에 나 있는 구멍으로 빠져나가지 않습니다. 그러나

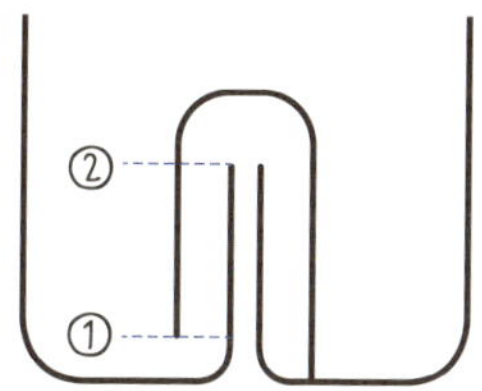

②번 높이를 넘어서 술을 따르면 바닥의 구멍으로 술이 빠져나가기 시작합니다. 하지만 채워진 술의 높이가 ②번 위치까지 낮아졌다고 멈추는 것이 아닙니다. 잔에 담긴 술의 높이가 ①번이 될 때까지 계속 술이 흘러나갑니다.

잔에 담긴 술의 높이와 잔 바닥의 구멍을 보면 구멍이 더 낮은 위치이기 때문에 술이 계속 흘러나가게 됩니다. 결국 술이 바닥까지 내려가 버립니다. 계영배는 술을 과하게 마시지 않도록 경계하는 마음으로 술을 마시도록 만든 잔입니다.

눈높이 맞춤 학습법

유아나 초등 저학년인 경우 빨대와 투명 플라스틱 컵으로 계영배를 만들어 보는 것도 좋습니다.

초등 고학년이면 계영배의 내부 구조에 대해 이야기해 봅니다.

중학생이라면 에너지 보존 법칙과 연관 지어 원리를 이야기해 봅니다.

교과과정

— **중등 3학년** 운동과 에너지

한옥 마을에 숨어 있는 11가지 과학 원리

경주 양동마을에 가면 아이들과 이야기 나눌 수 있는 과학 원리를 찾아볼 수 있습니다. 한옥 마을에서 역사만 배우는 것이 아니라 숨겨진 과학 원리를 찾아보며 이야기를 나누다 보면 훨씬 풍성한 여행이 될 것입니다.

1. 勿자 모양으로 배치된 한옥 마을

해설자와 동행하는 여행은 훨씬 알차기 때문에 당연히 해설자의 설명을 들을 거라 생각하고 미리 조사해 보지 않고 양동마을로 출발했습니다. 그런데 어쩌다 보니 일정이 맞지 않아 해설자 없이 마을을 돌아보게 되었습니다.

입구 전시관에서 양동마을은 물(勿)자와 같은 능선을 따라 이루어져 풍수지리학적으로 좋다고 합니다. 사진을 찍어 두진 않았으나 나중에 걷다 보니 능선의 모양 덕분에 해설자 없이도 수월하게 다닐 수 있었습니다. 전시관에서 본 기억을 더듬어 안내서에 덧그려

보았습니다.

　마을 입구에 들어서니 생각보다 많은 집들이 있는데 모두 돌아 보기는 불가능해 보였습니다. 입구에서 고민한 결과, 우리가 의미 있게 볼 집들은 그 당시 좋은 위치에 집을 지을 수 있는 사람들의 집일 거라 생각하고, 많은 집 중에서 남쪽을 바라보며 지어진 커다 란 집을 골라서 다녔습니다.

　산이 북쪽에 있으면 겨울철 찬바람을 막아주기 때문에 산의 남 쪽에 집을 짓는 것이 좋습니다. 사진에 파란색으로 표시한 부분은 산등성이입니다. 그래서 산을 뒤쪽에 두고 남쪽을 바라보는 방향으 로 집을 지을 수 있는 장소가 산으로 둘러싸인 다른 동네보다 서너 배가 됩니다.

　해설자와 같이 다니시는 것을 추천 드리나, 그렇지 못할 경우에 는 이런 방법으로 다녀 보시는 것도 한 방법입니다.

2. 한옥 추녀가 들려 있는 이유

무첨당의 추녀는 예쁘게 들려 있습니다. 예전 〈알쓸신잡〉이라는 프로그램에서 유현준 교수가 알려준 내용인데, 나무로 만들어진 기와집은 기둥이 비에 맞지 않도록 처마를 길게 만든다고 합니다.

하지만 벽 모서리 쪽의 나무 기둥은 비에 더 잘 젖게 됩니다. 지붕 모서리 위쪽의 처마를 추녀라고 하는데, 그림의 오른쪽처럼 만들어져 있다면 햇빛이 기둥에 덜 들어오지만, 왼쪽처럼 추녀가 들려 있다면 기둥에 햇빛이 많이 들어와 잘 마르게 됩니다.

동남아시아에서는 태양의 고도가 한국보다 더 높아서 건물의 추녀가 우리나라보다 더 많이 들려 있다는 이야기를 들었습니다. 해외여행을 할 때 이런 것도 이야깃거리가 될 수 있을 겁니다.

● 들려 있는 추녀(왼쪽)와 평평한 추녀(오른쪽 파란선)

3. 사이클로이드로 만든 기와 모양

기와집 지붕에 떨어진 빗방울이 오래 머무를수록 방수에 취약합니다. 다음 사진에서 물방울이 처마까지 가장 빨리 닿는 선을 찾아보면 노란색 선이 가장 최단 시간이 걸리는 경로가 됩니다.

지붕에 떨어진 빗방울은 중력을 받아 속력이 점점 빨라집니다. 그리고 경사가 완만할 때보다 경사가 급할수록 속력이 더 빨라집니다.

꼭대기에 떨어진 빗방울이 같은 거리를 이동하는 동안, 빨간색 선(직선)을 따라가는 것보다 노란색 선을 따라 내려가면 처음에 속력이 더 빨리 커집니다. 따라서 빨간색 선이 더 짧은 거리임에도 불구하고 노란색 선을 따라갈 때 속력이 더 커서 빗방울이 처마에 더 빨리 도착합니다.

파란색 선처럼 꼭대기 부분을 더 세운다면 속력은 더 빨리 커지지만 거리가 워낙 길어서 처마까지 닿는데 노란색 선보다 시간이 더 오래 걸리게 됩니다.

　이러한 노란색 선을 사이클로이드cycloid라고 합니다. 파스칼은 극심한 치통을 잊기 위해 가장 빨리 떨어지는 경로(최단강하선)를 찾으려고 애쓰다가 경로를 수식으로 계산해 내고는 치통을 잊었다는 재미있는 이야기도 있습니다.

　빗물이 기와지붕에 가장 짧게 머물도록 사이클로이드를 적용한 것을 보면 조상들의 지혜가 정말 대단하다고밖에 볼 수 없습니다.

4. 여름에 시원한 대청

한옥의 대청이 시원한 이유를 '베르누이의 정리'로 설명하는 분들이 많으신데 저는 조금 다르게 생각합니다. 우리나라 기와집을 보면 뒤쪽에는 나무를 많이 심은 정원으로, 앞쪽에는 아무것도 없는 휑한 마당으로 이루어져 있습니다.

　여름에 마당은 해가 쨍쨍 내리쬐고 뒷마당은 집에 가려져 있으면서 나무를 심어두어 서늘합니다. 뜨거운 공기는 위로 올라가고

서늘한 공기는 아래에 모여 있습니다. 대청의 문을 열면 차가운 뒤 뜰의 공기가 앞마당으로 불어서 대청에 시원한 바람이 불게 됩니다. 해륙풍의 원리와 같다고 볼 수 있습니다.

또한 마루의 기단이 높아 마루와 지면 사이에 공기가 통할 수 있어서 여름에 햇볕을 덜 받은 마루 아래의 시원한 바람이 마루의 나무 틈 사이로 올라와 시원함을 더 느낄 수 있습니다.

마루의 기단은 나무 마루에 습기가 차지 않고 비가 내리더라도 바람이 마루 밑을 통해 지나가기 때문에 나무 마루가 잘 썩지 않도록 높게 설계되어 있습니다.

5. 굴뚝에서 찾은 과학

한옥의 아궁이에도 과학적인 요소가 있지만, 눈으로 볼 수 없으니 보이는 굴뚝만 알아보겠습니다. 굴뚝에서 연기가 잘 빠져나와야 아

○ 구멍을 뚫은 굴뚝

궁이에 새로운 공기가 빨려 들어가 산소 공급이 잘 되면서 불이 잘 타오릅니다.

굴뚝 위로 바람이 불면(공기의 속력이 빨라지면) 압력이 낮아집니다. 공기의 속력이 빠르면 압력이 낮아지는 것을 '베르누이의 정리'라고 합니다. 굴뚝 윗부분의 압력이 낮아지면 아궁이 속의 공기가 굴뚝 밖으로 쉽게 빠져나올 수 있습니다. 굴뚝으로 공기가 빠져나가면서 아궁이로 산소가 포함된 신선한 공기가 계속 들어갑니다. 아궁이 앞에서 부채로 바람을 불어넣지 않더라도 새 공기가 아궁이 속으로 들어가면서 불이 잘 타오릅니다.

6. 초가집 지붕의 과학 원리

기와집에는 여러 장치가 많이 있지만 백성들은 기와집에서 살 수 없습니다. 하지만 다행스럽게 초가집에도 기와집 못지않은 장점이 있습니다.

먼저 초가집은 주변에서 쉽게 구할 수 있는 볏짚단을 엮어 지붕을 올립니다. 볏짚은 표면이 매끈하기 때문에 빗방울이 짚을 따라 빨리 처마로 내려와서 지붕에 오래 머무르지 않습니다. 또한 짚단은 무게가 가벼워서 지붕 위에 올릴 때 기둥을 튼튼하게 만들지 않아도 되기 때문에 집을 짓는 데 비용이 적게 듭니다. 짚단이 가벼운 이유는 속이 비어 있어 공기가 들어가 있기 때문입니다. 공기는 열전도도가 낮아서 열을 쉽게 이동시키지 않습니다. 다시 말해 우수한 단열재가 되는 셈입니다.

해마다 새로 이어야하는 번거로움은 있지만 추수가 끝나고 쉽게 얻을 수 있는 재료 중 많은 장점을 가진 것을 잘 선택한 지혜가 돋보이는 건축 자재라 할 수 있습니다.

7. 초가집 황토벽의 과학 원리

초가집은 가는 나무 기둥을 세우고 벽은 주로 황토를 사용했습니다. 황토는 해마다 닳기 때문에 덧붙여야 하는 번거로움은 있지만 황토벽은 옹기와 비슷하게 물은 통과시키지 못하지만 공기는 통과시킬 수 있는 작은 구멍이 있습니다. 때문에 습도 조절이 가능해 겨울에 방 안에 결로가 생기지 않습니다. 게다가 공기를 많이 품고 있기 때문에 단열 효과가 좋아 겨울에도 따뜻하게 지낼 수 있습니다.

8. 레고 같은 집

옛 가옥이 많은 곳을 다니면 흔히 '~에서 옮겼다.'라는 설명을 볼 수 있습니다.

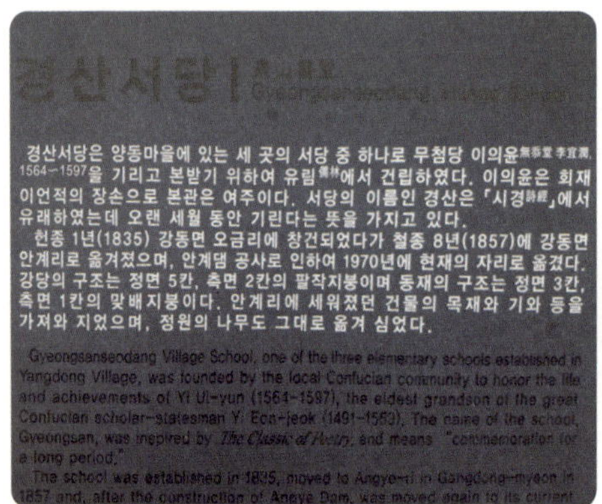

경산서당 | 慶山書堂 Gyeongsanseodang Village School

경산서당은 양동마을에 있는 세 곳의 서당 중 하나로 무첨당 이의윤(無忝堂 李宜潤, 1564~1597)을 기리고 본받기 위하여 유림(儒林)에서 건립하였다. 이의윤은 회재 이언적의 장손으로 본관은 여주이다. 서당의 이름인 경산은 「시경(詩經)」에서 유래하였는데 오랜 세월 동안 기린다는 뜻을 가지고 있다.
　헌종 1년(1835) 강동면 오금리에 창건되었다가 철종 8년(1857)에 강동면 안계리로 옮겨졌으며, 안계댐 공사로 인하여 1970년에 현재의 자리로 옮겼다. 강당의 구조는 정면 5칸, 측면 2칸의 팔작지붕이며 동재의 구조는 정면 3칸, 측면 1칸의 맞배지붕이다. 안계리에 세워졌던 건물의 목재와 기와 등을 가져와 지었으며, 정원의 나무도 그대로 옮겨 심었다.

Gyeongsanseodang Village School, one of the three elementary schools established in Yangdong Village, was founded by the local Confucian community to honor the life and achievements of Yi Ui-yun (1564–1597), the eldest grandson of the great Confucian scholar-statesman Yi Eon-jeok (1491–1553). The name of the school, Gyeongsan, was inspired by *The Classic of Poetry*, and means "commemoration for a long period."
　The school was established in 1835, moved to Angye-ri in Gangdong-myeon in 1857 and, after the construction of Angye Dam, was moved again to its current

경산서당도 댐 공사로 옮겼다고 적혀 있습니다. 한옥은 나무를 접착제로 붙이거나 못으로 고정하지 않고 끼워서 만듭니다. 레고를 좋아하는 아이에게 집 하나가 거대한 레고로 보인다면 아이가 아주 신나서 살펴볼 겁니다.

9. 감나무와 향나무가 많은 이유

사당이나 서원에 가면 향나무가 많이 심어져 있습니다. 제사를 많이 지내기 때문에 향나무 조각을 말려 태워서 향을 내는 데 사용하기 위해서입니다. 서백당에 있는 향나무의 나이는 500년이 넘었다고 합니다.

마을 곳곳에서는 감나무를 볼 수 있습니다. 감이 열리면 맛있는 감을 먹고, 감잎으로는 차도 끓이고 약재로도 사용하지만 또 다른 중요한 역할이 있습니다.

감나무는 여름이면 어느 나무보다 잎이 두껍고 무성해져 여름철 더운 햇살을 가려줍니다. 반면 감이 익을 무렵이면 잎이 다 떨어지고 앙상한 가지만 남아서 추운 날씨에 햇살이 집으로 가득 들어오기 때문에 집집마다 감나무를 심었다고 합니다.

10. 연자방아 속에 있는 수학 원리

민속촌에 가면 연자방아를 쉽게 볼 수 있습니다.

둥근 원형의 돌 위에 원뿔을 잘라놓은 모양의 돌을 세워서 곡식을 돌 사이에 놓고 돌립니다. 세워진 돌기둥이 원기둥이라면 앞으

로 똑바로 가게 됩니다. 그래서 돌 위에서 한 바퀴를 돌려면 바깥쪽 원의 지름이 더 커야 합니다.

아이들이 어릴 때는 자동차 바퀴는 크기가 같은데 어떻게 회전하는지 같이 이야기를 나누기도 했습니다. 자동차는 바깥쪽 바퀴가 안쪽 바퀴보다 빨리 돌면서 더 큰 원을 만드는 장치(차동 장치)가 있어서 회전할 수 있다는 것까지 이야기해 볼 수 있습니다.

민속 마을을 방문할 때 이렇게 하나씩 꺼내면 이야깃거리도 풍부해지고 여행이 훨씬 재미있어 질 겁니다.

11. 중력의 도움으로 쉽게 물을 긷는 도르래

다음은 양동마을에서 본 우물입니다. 지금은 도르래가 달려 있는데 아주 오래전에는 도르래 없이 두레박을 들어 올려 물을 길었다고 합니다.

위에서 들어 올릴 때 드는 힘보다 방향을 바꾸어 당기면 적은 힘으로 두레박을 올릴 수 있습니다. 지구가 나를 잡아당기는 힘으로부터 도움을 받는 겁니다.

도르래가 처음으로 등장한 기록은 기원전 800년 아시리아 벽화에서 병사가 벽 너머로 통을 옮길 때 도르래를 이용한 전투 그림이라고 합니다. 기록은 없지만, 학자들은 피라미드를 만들 때도 도르래를 이용했을 것으로 추측하고 있습니다.

그리고 길을 가다 커피숍 건물 엘리베이터가 투명한 유리로 되어 있어 내부를 볼 수 있었습니다.

엘리베이터는 사람이 타는 칸과 사진에서 노랗게 보이는 균형추라고 하는 무거운 쇠가 도르래에 걸쳐 연결되어 있습니다.

엘리베이터의 무게가 엄청 무거운데 전기의 힘으로 들어 올리기는 힘들기 때문에 거의 비슷한 무게의 균형추를 반대편에 달아놓고 힘을 추가로 조금만 주면 올리거나 내릴 수 있습니다.

울산 반구대 암각화에 숨어 있는 7가지 과학 원리

아주 오래전 고래잡이에 부력을 이용했을 거라는 기사를 『과학동아』에서 본 기억이 어렴풋하게 있습니다. 그 기사를 읽고 난 후부터 울산의 반구대 암각화를 보러 가고 싶었는데, 드디어 울산에 갈 기회가 생겼습니다. 미리 알아보니 겨울에는 암각화를 직접 보기 어렵다고 하여 암각화 박물관에 먼저 가기로 했습니다. 아이들과 이런 이야기를 나누고 나면, 초등학교 과학에서 계절과 태양의 고도 관계를 배우게 될 때 낯설지 않게 접근할 수 있을 겁니다.

초등학생 아이들과 함께 찾아볼 수 있는 반구대 암각화의 과학 원리를 알아보겠습니다. 원리를 기억하고 계셨다가 반구대를 방문하게 되면 사용해 보세요.

1. 암각화 박물관과 반구대 암각화

암각화는 북쪽을 바라보고 있어 겨울에는 해를 거의 보지 못하고,

여름철 지는 해만 조금 받아 그 모습을 드러내기 때문에 보기가 쉽지 않습니다. 암각화 윗부분은 바위로 가려져 있고 암각화 부분은 비스듬하게 기울어져 있어 비를 거의 맞지 않는 구조로 되어 있습니다. 그 덕분에 7000년 동안 훼손되지 않고 잘 보존되어 우리에게 그 모습을 보여주고 있습니다.

암각화에는 57점에 달하는 고래 그림을 비롯해 거북이, 호랑이, 사슴, 멧돼지 등 다양한 동물 그림이 새겨져 있습니다. 또한 다양한 모습의 사람도 새겨져 있는데, 고래를 작살로 잡고 인양해서 해체하는 모습도 담겨 있습니다. 다음은 고래 박물관에서 제공하는 설명서를 찍은 것입니다.

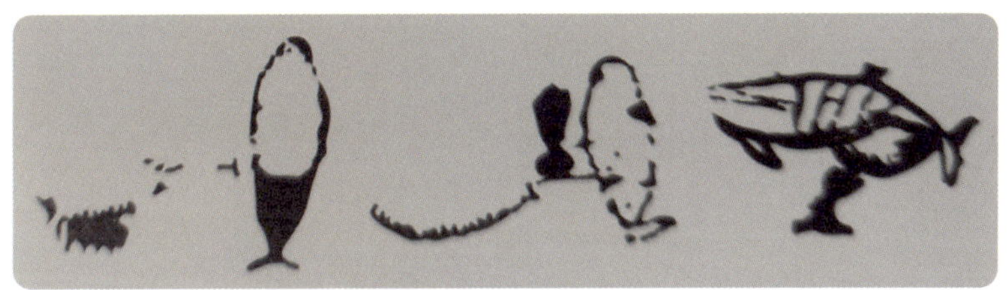

◑ 사냥(왼쪽), 인양(가운데), 해체(오른쪽) 장면

암각화 박물관에 주차를 하고 박물관에서 해설을 들으면서 관람한 뒤, 1.2 km를 걸어서 반구대 암각화로 갔습니다. 가는 동안 길이 너무 예뻐서 반구대를 볼 수 있다는 설렘과 함께 자연 풍광에 취해 걸을 수 있었습니다.

2. 암각화를 보기 위해서는 태양의 고도가 관건

암각화는 아무 때나 볼 수 없습니다. 강 건너에서 망원경으로 보기 위해서는 오후 4시 남서쪽에 있는 해가 비스듬한 방향에서 암각화를 비추어야 합니다.

3월에서 9월까지는 태양의 고도가 높아서 낮이면 암각화에 해가 비칩니다. 그러나 그 외의 기간에는 암각화를 비추는 위치에 올 시각이면 고도가 낮아 맞은편 산 뒤로 넘어가 버려 하루 종일 암각화에 해가 비치지 않습니다.

또한 그늘져서 망원경으로도 거의 보이지 않았습니다. 태양의 고도가 계절별로 달라지는 것을 생생하게 체험할 수 있었습니다.

3. 암각화 위치는 소리가 모이는 곳

최태성 큰별쌤 영상을 보니 그곳에서 의식이 치러졌을 것으로 추측된다고 합니다. 해설자 분께서도 직접 암각화 앞에서 말을 했더니 강 너머에서도 들렸다고 신기한 경험을 들려주었습니다. 지금처럼 마이크가 없던 시절에 연설하는 사람이 암각화 앞에 서서 말을 하는데 우렁차게 퍼져 나간다면 아주 위엄 있게 보였을 것입니다.

암각화가 아직까지 보존이 잘 될 수 있었던 이유는 암각화 윗부분의 바위가 2~4 m 정도 나와 있어서 비를 막아주기 때문입니다. 이러한 구조가 단순히 비를 막아주는 기능만 한 것은 아니라고 추측해 볼 수 있습니다. 위의 바위에서 소리가 반사되고 옆으로도 바위가 각이 져서 소리를 모아 주기 때문입니다.

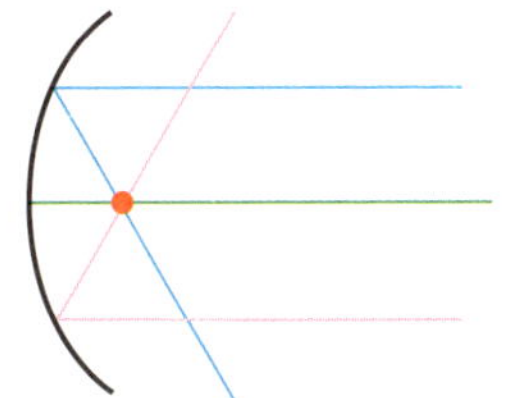

마치 지금의 안테나 역할을 해 주는 바위 모양입니다. 주변의 소리도 한곳으로 모이고 초점 위치에서 말을 하면 소리가 흩어지지 않아 큰 소리가 그대로 앞으로 전달됩니다.

4. 반구대 암각화의 시기

반구대 암각화는 인류 최초의 고래잡이 기록이라고 합니다. 그렇다면 암각화가 만들어진 시기는 어떻게 알았을까요? 이에 대해서는 2012년 수능에서 국사 문제로 출제된 적이 있습니다.

문화재청 국가 문화유산 포털에서는 신석기 시대 유물이라고 적혀 있습니다. 유물 시기 측정 방법을 통해 지금으로부터 7000년 전에 만들어진 신석기 시대 유물로 인정받고 있습니다.

약간의 논란은 있었지만, 정답은 청동기 시대로 결론이 났습니다. 왜냐하면 교과서에 '청동기 시대'라고 표기되어 있기 때문입니

⬆ 2012년 수능 국사 문제

다. 수능을 위한 독서에서 가장 중요한 것이 교과서라는 것을 다시 한번 강조할 대목입니다.

5. 연대 측정 방법

① 상대 연대 측정: 유물

선사시대에는 다른 기록을 보기 어렵기 때문에 주변에서 볼 수 있는 물건을 그렸다고 추정할 수 있습니다. 시기를 거의 알 수 있는 유물과 비슷한 그림이 있다면 동시대라고 볼 수 있습니다.

○ 신석기 다른 유적에서 발견된 같은 그림

대곡리 암각화에는 신석기 시대에 출토되는 유물과 비슷한 그림들이 그려져 있어 신석기 시대에 그려진 것으로 추정해 볼 수 있습니다. 또 비봉리 신석기 유적에서 배의 일부와 노가 출토되었는데, 이와 유사한 모양이 대곡리 암각화에 그려져 있기 때문에 같은 시기라고 유추할 수 있습니다.

② 절대 연대 측정: 탄소 연대 측정 방법

2010년 울산항만 공사 중 사슴 뼈로 만든 작살이 박힌 고래 뼈가 발견되었습니다. 탄소 연대 측정을 해 보니 5000~6000년 전의 고래 뼈임이 밝혀졌습니다.

○ (사슴)골촉이 박힌 고래 뼈

탄소 연대 측정 방법

절대 연대 측정 방법으로 가장 널리 사용되는 방법은 탄소 연대 측정 방법입니다. 미술관에서 다룬 탄소 연대 측정 방법을 더 쉽게 이해할 수 있도록 실제와 다르게 탄소의 개수를 단순화시켜 보겠습니다.

탄소는 원자량 12인 탄소가 안정적이고 대부분입니다. 그러나 원자량 14인 탄소는 원래 100개 있었다고 할 때 5730년이 지나면 100개 중 50개는 질소가 되고, 나머지 50개만 질량이 14인 탄소인 채로 남아 있게 됩니다. 그리고 또 5730년이 지나면 질량이 14인 탄소는 다시 반으로 줄어 25개가 됩니다.

질량이 14인 탄소의 원래 개수를 알고 있고, 지금 남아 있는 개수를 측정하면 몇 년이 지났는지 알 수 있습니다. 대기 중에는 질량이 12인 탄소와 질량이 14인 탄소의 비율이 거의 일정하게 존재합니다. 그리고 나무나 동물이 살아서 숨을 쉬는 동안에는 이 비율이 그대로 유지됩니다. 그러나 생물이 죽게 되면 질량이 14인 탄소의 개수는 줄더라도 질량이 12인 탄소는 변하지 않습니다. 그렇기 때문에 원래 생명체가 죽은 시기의 질량이 14인 탄소의 개수를 알 수 있습니다.

질량이 14인 탄소의 개수를 찾는 과정에서 1000년 정도의 오차가 있을 수 있고 앞으로 오차를 더 줄이기 위한 연구도 계속되고 있습니다. 이러한 탄소 연대 측정은 살아서 숨 쉬던 나무나 고래 뼈를 통해서 측정할 수 있습니다.

6. 고래 사냥에 이용한 바다의 깊이를 알아내는 방법

'해양수산부' 공식 블로그에 따르면 요즘은 음파를 보낸 뒤 해저에서 반사되는 음파를 수신해 수심을 측정합니다.

바다의 깊이는 바닷물의 색깔로도 알 수 있습니다. 가시광선이 물에 들어가면 파장이 가장 긴 빨간색이 가장 먼저 흡수됩니다. 그래서 수심이 깊어질수록 차례대로 가시광선이 다 흡수되어 바닷물이 검게 보입니다. 선사시대에는 깊이에 따라 바닷물의 색깔이 달라진다는 점을 이용해서 고래를 얕은 바다로 유인해서 잡았다고 추측해 볼 수 있습니다.

7. 부력을 이용해 고래를 잡는 방법

○ 고래와 배 사이에 달려 있는 부구

고래의 위치를 알기 위해 부구를 달았다는 설명이 많은데, 오히려 부구를 고래잡이에 사용했을 거라는 예전 『과학동아』의 기사가 생각납니다. 고래와 배 사이에 연결된 줄에 부구가 달려 있는 그림이 세 개나 있습니다.

우리가 운동을 할 때 발목에 1 kg의 모래주머니를 달고 뛴다면 너무 쉽게 지칠 것입니다. 이와 비슷하게 공기주머니를 달고 물속으로 들어가려고 하면 쉽게 지칠 수 있습니다. 가로, 세로, 높이가 각각 1 m인 공기주머니를 물속으로 끌고 들어가려면 1톤(1000 kg)의 무게와 같은 힘이 필요합니다.

암각화 박물관에는 KBS의 프로그램 〈역사 스페셜〉에서 대곡리 암각화 그림을 참고해 만든 길이 6.5 m, 너비 0.92 m 크기의 배가 전시되어 있습니다. 이런 배를 타고 고래를 작살로 맞추면 고래가 물속으로 들어가는 힘으로 인해 배가 뒤집어지지 않을 수 없습니다. 하지만 작살과 배 사이에 부구를 달면 고래가 물속으로 들어가려고 할 때 작은 크기의 부구라 할지라도 고래의 힘을 빼는 데 큰 역할을 할 것이라 생각됩니다.

부구의 역할을 알고 사용했다면 7000년 전에 고래를 잡기 위해 부력을 이용한 것입니다. 그렇다면 그 당시에 부구는 어떻게 만들었을지 생각해 보는 것도 재미있을 겁니다. 나무틀에 가죽을 붙여 만들지 않았을까 상상해 볼 수도 있습니다.

이런 이야기를 아이들과 이야기 나누어 보면 이러한 상상이 고고학이나 과학 혹은 영화나 소설의 소재가 될 수도 있습니다. 예전에 하늘을 나는 상상이 비행기를 만들게 된 것처럼 말이죠.

박물관에 다녀와서 인도네시아의 전통 고래잡이 유튜브를 찾아보았습니다. 인도네시아에서는 부구 없이 바로 작살과 배를 긴 줄

로만 연결해서 고래를 맨손으로 잡네요. 고래가 힘이 세서 인도네시아에서 오스트레일리아까지 가는 바람에 비행기로 돌아온 적도 있다고 합니다.

여행을 가기 전이나 여행을 다녀온 후, 책이나 유튜브를 보면서 궁금한 점들을 찾아보는 것도 좋은 경험이 됩니다.

일상에서

생활 소품부터 사무용품 등 우리 생활 주변에서 과학의 원리가 숨어 있지 않은 것은 없다고 해도 과언이 아닙니다. 이렇게 하나하나 '왜 그럴까?' 하고 생각하다 보면 정답을 알아내지 못하더라도 사물을 관찰하는 안목이 좋아지고 교과 세부능력 및 특기사항, 그리고 면접에서 진가를 발휘할 수 있을 것이라 되리라 생각합니다.

아픔으로 느끼는 압력

미르가 종이접기를 하고 있어요. 두 장의 색종이에 같은 위치를 표시하기 위해 송곳으로 색종이에 구멍을 뚫고 있네요.

"미르야 송곳 끝은 뾰족하니까 찔리지 않게 조심해."

"그런데 뾰족하면 왜 더 아픈 거야?"

"힘이 한 곳으로 모여서 그런 거 아닐까?"

"아, 조심할게."

"미르야, 운동화를 신은 사람과 뾰족한 하이힐을 신은 사람 중 누가 네 발을 밟았을 때 더 아플까?"

"뾰족한 하이힐에 밟힐 때가 훨씬 아플 거야."

"우리 실험 한번 해 볼까?"

압력

일상생활에서 압력은 굉장히 중요합니다. 기압에 따라 날씨가 달라지고, 비행기가 뜨는 원리도 압력의 차이에 따른 것입니다. 또한 혈압은 건강에 영향을 미치기도 합니다.

'압력은 힘과 관련 있는 것 같기도 한데, 그럼 힘이라고 하면 되지 압력은 뭘까?' 하는 아이들이 꽤 많습니다. 아마 헷갈리는 어른들도 꽤 많을 것이라 생각합니다. 힘과 비슷하지만 다른 점을 몸으로 체감할 수 있는 간단한 실험을 해 보겠습니다.

① 힘을 느껴 봅니다.

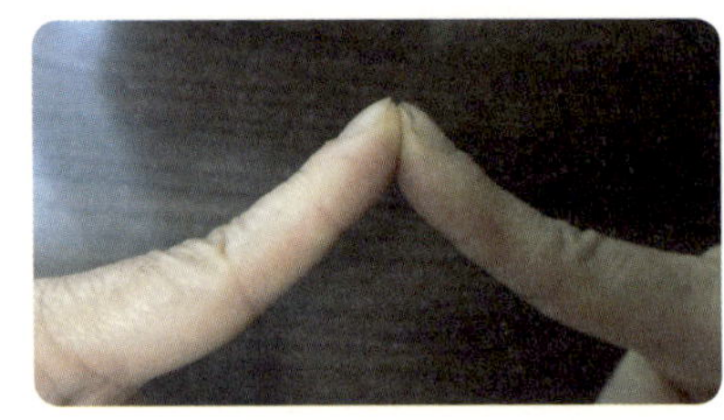

두 손가락을 서로 맞대고 힘을 지그시 주면 양쪽 손가락에 전해지는 같은 힘을 느낄 수 있습니다.

② 볼펜을 준비합니다.

볼펜을 뾰족하게 눌러둡니다. 볼펜 양쪽에서 같은 힘으로 손가락으로 밀어봅니다.

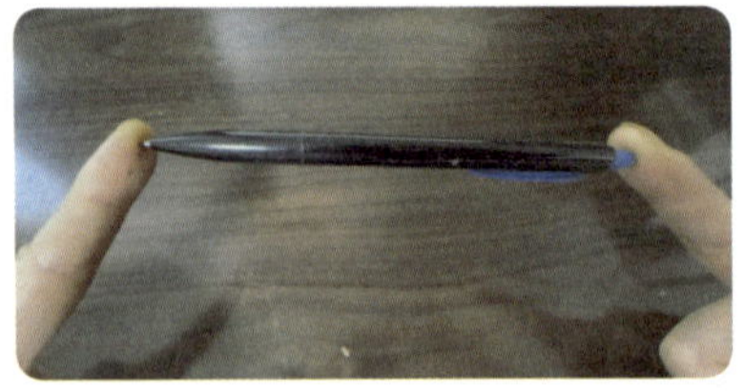

같은 힘으로 누르는 것을 스스로 느낄 수 있습니다. 하지만 왼쪽 손가락이 더 아프다고 느낍니다. 뾰족한 펜일수록 아픔의 차이를 더 크게 느낄 수 있습니다.

압력을 잘 이해하지 못해 고민하던 아이들도 한순간 "아하!" 하고 힘과 압력을 구별할 수 있을 겁니다. 압력과 대기압에 대해서는 부록에 자세히 적어두었습니다.

눈높이 맞춤 학습법

유아나 초등 저학년인 경우, 볼펜을 이용해 실험해 보고 다양한 이야기를 나누어 봅니다.

초등 고학년이면 힘과 압력이 다르다는 것을 이해합니다.

중학생이라면 힘은 방향이 있지만 압력은 방향이 없는 크기만 있는 양이라는 것을 알고, 대기압과 연관해서 이야기를 나누어 봅니다.

교과과정

— **초등 4학년** 여러 가지 기체(압력)
— **중등 1학년** 기체의 성질(압력)

손바닥 인증장치

현금 인출기를 이용하기 위해 미르와 은행에 갔어요. 현금 인출기에 손바닥 정맥 스캐너도 같이 있네요.

"엄마, 이건 뭐야?"

"지문처럼 손바닥을 놓고 사람을 확인하는 건가 봐."

"영화에서 눈을 스캔해서 문을 여는 장면은 봤어."

"손바닥 속 핏줄의 모양이 사람마다 다르다고 하던데, 그걸로 알 수 있나 봐."

예전에 아마존에서 비접촉식 손바닥 인증기술을 이용한 '아마존

⬆ 손바닥 인증 장치

원Amazon One'이라는 인증 결제 수단을 개발했다는 기사를 본 적이 있습니다. 단말기에 손을 가까이 두면 본인 확인이 되고 결제할 수 있는 방법으로, 접촉을 꺼리는 사람들에게 좋은 반응을 보일 거라는 내용도 함께 있었습니다.

빛의 흡수

빛은 다양한 파장으로 구성되어 있어서 우리 눈에 보이는 가시광선도 빨간색에서 보라색까지 무지갯빛이 섞여 있습니다. 이 가시광선도 빛의 아주 일부입니다. 눈으로 볼 수 있는 빛 중 파장이 가장 긴 빛은 빨간색이고 빨간색보다 조금 더 긴 파장을 가지는 빛이 근적외선입니다.

몸의 대부분을 구성하는 물을 비롯해 지방, 콜라겐, 헤모글로빈과 같은 다양한 물질들은 빛을 조금씩 흡수하는데, 흡수율은 조금씩 다릅니다. 이 중 환원 헤모글로빈이라고 하는, 정맥 속의 산소가 상대적으로 적은 헤모글로빈은 근적외선 영역의 빛을 다른 물질보다 특히 많이 흡수합니다.

물체의 색깔

사과의 경우, 가시광선 중에서 다른 색은 다 흡수하고 빨간색만 반사시킵니다. 때문에 우리 눈에는 사과가 빨갛게 보이는 것입니다.

만약 사과에 빨간색을 비춘다면 빨간색을 흡수하지 않기 때문에 빨갛게 보입니다.

사과에 한 가지 파장의 빛, 예를 들면 파란색 빛을 비춘다고 해 봅시다. 그러면 사과는 다른 빛이 없는 상태에서 파란색의 빛을 흡수해서 사과는 우리 눈에 검은색으로 보이게 됩니다.

손바닥 인증 원리

사람마다 손가락 지문이 모두 다른 것처럼 손바닥 정맥 혈관의 모양도 사람마다 모두 다릅니다. 정맥 속을 흐르는 혈액 속의 헤모글로빈은 산소가 상대적으로 적게 결합되어 있는 환원 헤모글로빈이 많습니다.

손바닥 인증기기에 일정 거리를 유지한 채 손바닥을 대면, 인증 기기에서 근적외선을 손바닥에 비춥니다. 근적외선은 정맥 혈관 속의 환원 헤모글로빈이 있는 적혈구를 통과하지 못하고 많이 흡수되어 정맥 혈관만 검게 비칩니다. 즉, 손바닥 인증 장치는 검게 비추어지는 정맥의 모양을 개인 정보로 활용하는 것입니다.

생체 인증 기술

신체의 일부를 이용하는 생체 정보 중 가장 많이 사용하는 방법은 지문 인식입니다. 그러나 손으로 일을 많이 하는 사람의 경우에는 지문이 닳아 인식이 잘 되지 않는 경우가 종종 있고, 요즘은 여러 사람이 접촉하는 방법을 꺼리기 때문에 지문 인식 방법은 개인 휴대폰처럼 개인이 사용하는 기기에 적합해지고 있습니다.

지문 인식 외에 또 다른 생체 인증 방법으로는 홍채 인식 방법이 있습니다. 홍채의 모양이 사람마다 다른 것을 이용한 것인데, 눈은 가장 민감하고 중요한 감각 기관인지라 눈을 센서에 노출시키는 것을 정서적으로 꺼리는 사람도 꽤 있을 거라고 합니다. 그런 이유로 손바닥 인증 방법이 좀 더 많이 사용되지 않을까 조심스레 생각해 봅니다.

눈높이 맞춤 학습법

유아나 초등 저학년인 경우 다양한 생체 인증 방법이 있다는 것을 알려 줍니다.

초등 고학년이면 빛의 흡수 및 반사와 연관 지어 눈에 보이지 않는 빛이 있다는 것을 알려 줍니다.

중학생이라면 손바닥 인증 원리를 이해하고, 다양한 인증 방법에 사용되는 과학 원리를 이야기해 봅니다.

📖 교과과정

— **중등 2학년** 빛과 파동

인쇄용지 비율의 비밀

집에 있는 프린터로는 A4 용지 크기만 출력할 수 있어서 A4 용지로 문서를 출력한 뒤 인쇄소에 가서 B4 크기로 확대 복사했어요.

"종이 이름이 A, B야?"

"종이 크기마다 이름을 붙인 거야."

"그렇구나."

"확대했더니 종이 모양과 글자 모양이 그대로 커졌지?"

"붕어빵처럼 똑같아."

"일정한 비율로 크거나 작게 하기 위해 종이의 가로와 세로의 비율을 정해 뒀대."

인쇄용지에 숨어 있는 규격의 비밀

요즘은 공책보다 인쇄 용지를 더 많이 사용합니다. 우리가 사용하는 종이는 긴 쪽의 길이가 짧은 쪽 길이의 1.4배입니다.

어떤 종이는 A라고 부르고, 어떤 종이는 B라고 부르기도 합니다.

A0 종이는 면적이 1 m^2와 가장 가까우면서 가로와 세로의 비가 1:1.414가 되도록 약속했다고 합니다. 독일의 물리화학자 프레드릭 오스트발트(1853~1932)가 1909년에 만든 규격으로 지금은 세계 표준이 되었습니다.

B 시리즈의 크기는 A 시리즈 종이의 기하 평균으로 크기가 정해지는데, 같은 번호의 A 시리즈 종이 계열 크기와 그 이전의 A 시리즈 종이 크기의 기하 평균값입니다. 예를 들어, B1의 가로 길이는 A1과 A0의 가로 길이를 곱한 값의 제곱근($\sqrt{\text{A1의 가로 길이} \times \text{A0의 가로 길이}}$) 입니다.

C 시리즈는 같은 번호의 A 시리즈와 B 시리즈 종이 크기의 기하 평균 값입니다. 예를 들면, C0는 A0와 B0의 가로 길이의 기하 평균입니다. 각각에 대한 크기를 다음 표에 나타냈습니다.

(단위: mm)

형식	A 시리즈	B 시리즈	C 시리즈
0	841×1189	1000×1414	917×1297
1	594×841	707×1000	648×917
2	420×594	500×707	458×648
3	297×420	353×500	324×458
4	210×297	250×353	229×324
5	148×210	176×250	162×229
6	105×148	125×176	114×162
7	74×105	88×125	81×114
8	52×74	62×88	57×81
9	37×52	44×62	40×57
10	26×37	31×44	28×40

C 시리즈는 A 시리즈보다 조금 커서 A4 용지를 두 번 접으면 C6 봉투에 딱 맞게 들어갈 수 있다는 특징이 있습니다. B0는 A0보다 1.414배 넓은 면적이기 때문에 가로 길이가 1 m인 것도 유용하게 쓸 수 있습니다.

종이에 왜 이런 비율을 적용한 걸까요? 이유는 간단합니다. 종이를 축소나 확대 복사했을 때 일정한 비율을 유지하기 위함입니다. 원래 크기를 반으로 잘랐을 때 똑같은 비율이 되지 않으면 확대나 축소했을 때 비율이 달라집니다. 그리고 비율이 달라진 종이를 같게 맞추려면 종이를 잘라서 버려야 하기 때문에 불필요한 낭비가 생깁니다.

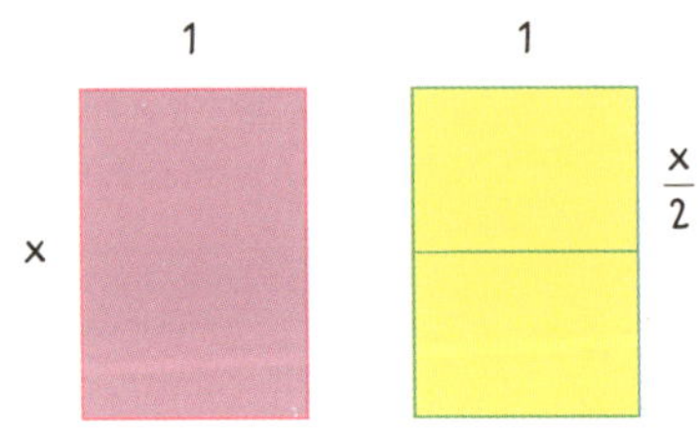

위의 그림에서 오른쪽의 노란색 종이는 분홍색 종이를 반으로 자른 것입니다. 분홍색 종이의 가로 길이를 1, 세로 길이를 x라고 하면, 반으로 자른 노란색 종이의 긴 쪽의 길이는 1, 짧은 쪽의 길이는 $x/2$가 됩니다. 두 종이의 길이의 비가 같아지려면 분홍색 종이의 세로 길이는 1.414가 되어야 합니다.

$$1 : x = \frac{x}{2} : 1$$

$$x^2 = 2$$

$$x = \sqrt{2} \approx 1.414$$

원래 종이를 0이라고 하고 한 번 접으면 1, 두 번 접으면 2라고 번호를 붙입니다. 따라서 A4 종이는 A0 종이를 4번 접어서 자른 종이입니다.

🔍 눈높이 맞춤 학습법

유아나 초등 저학년인 경우, 인쇄용지는 약속된 크기로 사용하고 있다는 사실을 알려 줍니다.

초등 고학년이면 확대나 축소 복사를 위해 인쇄용지의 규격을 약속했다는 것에 대해 이야기를 나누어 봅니다.

중학생이라면 무리수를 알고 난 후 실제 비율을 계산해 봅니다.

📖 교과과정

중등 3학년(수학) 수와 연산(무리수)

날개 없는 선풍기가 시원한 이유

날씨가 더워지기 시작합니다. 이제 선풍기를 꺼내 놓아야 할 것 같네요.

"엄마, 다은이 집에 있는 선풍기는 날개가 없대."

"그런 선풍기도 있지."

"날개도 없는데 어디에서 바람이 나오는 거지?"

"속에 작은 날개가 있어서 바람을 조금 만들어 주고, 그 바람을 좁은 틈으로 나오게 만들어서 센 바람이 만들어진대."

예전에는 어린 아이들이 있는 집의 경우, 아이들이 선풍기 날개에 손가락을 넣지 못하도록 안전망을 씌어 놓았는데, 요즘에는 날개가 없는 선풍기도 있습니다. 시판되고 있는 날개 없는 선풍기의 원래 이름은 공기 증폭기air multiplier입니다.

바람의 원리

압력이 높은 곳에서 압력이 낮은 곳으로 기체가 이동하는 현상을

'바람'이라고 합니다. 약한 바람부터 태풍까지, 압력의 차이로 인한 바람의 세기는 아주 다양합니다. 날개가 돌아가는 선풍기는 아르키메데스의 수차와 같이 날개의 구조로 기체를 직접 옮겨주는 작용을 해서 바람을 일으킵니다.

날개 없는 선풍기의 구조

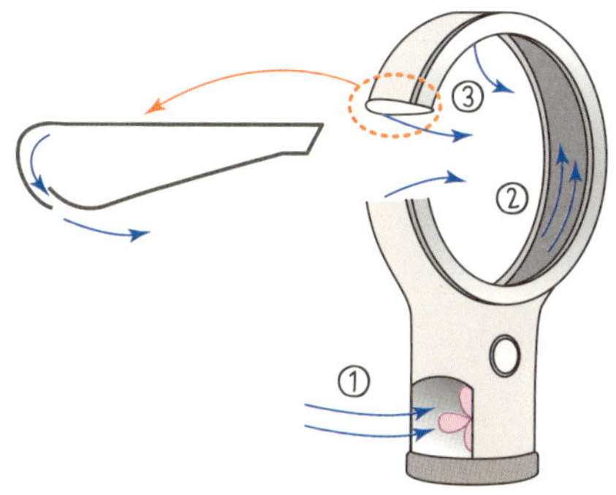

아래쪽 기둥 속에는 공기를 안쪽으로 빨아들이는 팬이 있습니다 (①). 그리고 팬이 빨아들인 공기는 위쪽의 둥근 고리로 밀려 올라가는데(②), 좁은 곳으로 지나가는 공기는 더 빨라집니다.

　빨라진 바람은 고리에 좁게 나 있는 원형 테두리를 통해 빠져나옵니다(③).

바람의 증폭 원리

위의 바람이 나오는 부분(③)은 가는 고리 모양으로 되어 있습니다.

여기에서 바람이 나오면서 둥근 고리 안쪽에서 앞으로 공기가 흘러나옵니다. 이때 흘러나오는 공기의 속력이 주변의 공기에 비해 빠르므로, 주변의 공기는 상대적으로 속력이 느립니다. 공기의 흐름에서 속력이 빠른 곳은 압력이 작아지고, 속력이 느린 곳은 압력이 커집니다. 따라서 주변 공기보다 빠른 속력으로 흐르는 고리 안쪽의 공기는 압력이 낮습니다. 공기는 압력이 높은 곳에서 낮은 곳으로 이동하기 때문에 주변의 공기가 고리 내부로 빨려 들어와서 더 큰 바람을 일으키는 것입니다. 베르누이 정리로부터 이해할 수 있는데, 이는 부록에 더 자세히 다루었습니다.

고리를 통과하는 바람은 기둥에서 빨아들인 바람보다 속력이 15배 정도 센 바람이 됩니다. 날개 없는 선풍기의 이름을 공기 증폭기라고 붙인 이유이기도 합니다.

눈높이 맞춤 학습법

유아나 초등 저학년인 경우, 날개 없는 선풍기도 있다는 사실을 알려 줍니다.

초등 고학년이면 겉으로는 날개가 없지만 선풍기 속에 작은 날개가 있어 바람을 더 세게 만들어주는 것이라고 알려 줍니다.

중학생이라면 베르누이 정리와 연관 지어 이해하도록 도와줍니다.

교과과정

— **초등 5학년** 날씨와 우리 생활
— **중등 1학년** 기체의 성질(압력)
— **중등 3학년** 운동과 에너지

정전기 방지 팔찌

미르는 이모가 끼고 있는 정전기 방지 팔찌를 만지작거립니다. 이모는 겨울이 되면 정전기가 많이 생겨 고생했는데, 이 팔찌를 하고 나서 많이 도움이 되었다고 이야기하네요.

"미르야, 이 팔찌를 차면 정전기가 없어진대. 미르도 머리를 빗을 때 머리카락이 빗에 달라붙어 불편한 적 많았지?"

"응, 맞아. 그런데 정전기는 왜 생기는 거야?"

"빗으로 머리를 빗으면 빗과 머리카락에 서로 마찰이 생기겠지? 빗질하는 동안에 머리카락의 전자가 빗으로 옮겨가서 서로 당긴대."

"그런데 정전기 방지 팔찌를 차면 왜 정전기가 없어지는 거야?"

"미르 머리가 삐죽 솟았을 때 엄마가 스프레이로 물을 뿌려주면 괜찮아졌지? 전기는 물이 있으면 잘 움직일 수 있어서 공기 중으로 날아가. 그런데 팔찌에 있는 쇠도 전기가 잘 통해서 정전기를 방지할 수 있는 거야."

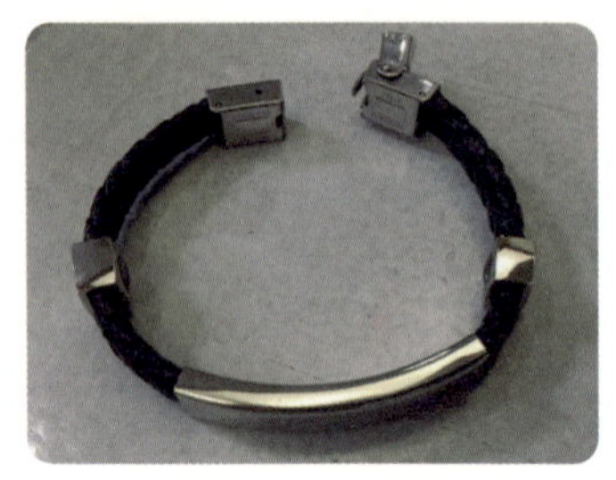

정전기

물체에는 양전하와 음전하가 많이 포함되어 있는데, 양전하와 음전하의 개수가 거의 비슷해서 우리가 일상생활을 하는 동안에는 전기적인 성질을 거의 느끼지 못합니다. 그러나 두 물체를 서로 문지르면 한 물체에서 다른 물체로 전자가 옮겨가면서 전자를 잃은 물체는 양전하가 더 많아지고 전자를 얻은 물체는 전자가 더 많아지면서 전기적인 성질을 띠게 됩니다. 이것을 정전기라고 부릅니다. 예를 들어, 플라스틱과 털옷을 문지르면 털옷에 있는 전자들이 플라스틱으로 옮겨가려는 성질이 있습니다. 전자의 이동으로 털옷은 전자를 잃어 양전하를 띠고, 전자를 얻은 플라스틱은 음전하를 띠게 됩니다.

정전기를 가진 물체가 중성의 물체를 당기는 원리

전기가 잘 통하지 않는 물체라도 물체를 구성하는 원자에는 양전하와 음전하를 띠는 부분이 있습니다. 269쪽의 노란색의 물체는 전하

268

들이 일정한 방향을 향하고 있지 않아 노란색 물체는 중성처럼 보입니다.

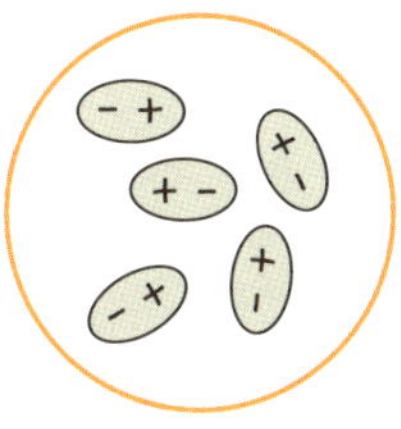

그러나 이 물체가 정전기로 인해 양전하를 띠고 있는 물체 부근에 다가가면 아래 그림처럼 원자들은 음전하를 띠는 부분이 정전기가 생긴 물체 쪽으로 배열됩니다.

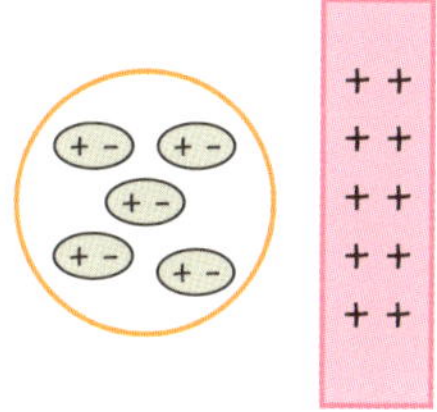

따라서 노란색 물체의 왼쪽은 양전하를, 오른쪽은 음전하를 띠는 것처럼 보입니다.

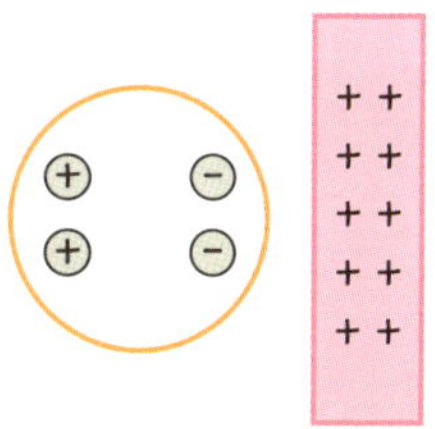

전기는 가까울수록 큰 힘이 작용합니다. 노란색 물체의 왼쪽에 있는 양전하는 정전기를 밀어내고 오른쪽에 있는 음전하는 정전기

를 당깁니다. 음전하가 정전기와 더 가까이 배열되어 있으므로 당기는 힘이 더 세기 때문에 정전기가 있는 물체는 주변 물체를 끌어당기는 것입니다.

보통은 몸에 정전기가 생기더라도 공기 중에 수분이 많을 때는 보이지 않는 많은 물방울 알갱이를 통해서 전기가 흘러나가 몸에 정전기가 쌓이지 않습니다. 그러나 겨울철처럼 습도가 낮고 몸이 건조한 경우에는 전기가 통할 수 있는 길이 부족해집니다. 피부에 물을 묻히면 되지만 금방 마르기 때문에 로션을 발라 주면 그나마 보완해 줄 수 있습니다.

하지만 로션이나 크림 속의 수분도 서서히 없어지기 때문에 몸에 전기가 잘 통하는 물체를 착용하면 그 물체를 통해 정전기가 몸 밖으로 쉽게 빠져나갈 수 있습니다. 이러한 원리를 이용해서 만든 것이 정전기 방지 팔찌입니다.

이 외에 클립을 소매 안쪽에 꽂아두는 간단한 방법으로도 정전기 방지 효과를 얻을 수 있습니다.

유아나 초등 저학년인 경우, 정전기도 전기 현상임을 알려 줍니다.

초등 고학년이면 마찰전기가 서로 당긴다는 사실을 알려 줍니다.

중학생이라면 마찰로 만들어진 정전기가 있는 물체들이 서로 당기는 원리와 정전기가 생긴 물체가 중성인 물체를 당기는 원리를 이해하도록 도와줍니다.

📖 **교과과정**

— **초등 6학년** 전기의 이용

— **중등 2학년** 전기와 자기(마찰전기)

온도를 유지하는 보온병의 원리

어느 더운 날, 얼음을 듬뿍 넣은 물을 텀블러에 가득 채워 들고 나왔어요.

"미르야, 더우면 시원한 물 좀 줄까?"

"응! 텀블러에 담긴 물은 시원해서 좋아."

"그래, 일반 병과는 다르지? 예전에 엄마가 어릴 때 쓰던 보온병은 겉은 플라스틱인데 내부는 유리로 되어 있어서 소풍 갔다가 깨는 바람에 할머니께 혼난 적도 있어."

"엄마도 어릴 때 혼난 적이 있어? 그런데 텀블러 속에 차가운 물을 담으면 어떻게 계속 시원한 거야?"

"바깥의 따뜻한 열이 텀블러 안으로 들어오지 못하게 만들어서 오랫동안 시원한 거야."

겨울이면 따뜻하게, 여름이면 시원하게 음료를 가지고 다니기 위해 보온병을 사용합니다. 텀블러라고 부르는, 뚜껑이 있는 보온컵을 많이 들고 다니기에 궁금해서 검색해 보니 '굴러가다tumble'라는 어원을 가진 원통형 컵이라고 합니다. 보온병은 보온병을 발명한 듀어James Dewar(1842~1923)의 이름을 따 '듀어병'이라고도 불립니다.

열의 전달

열이 전달되는 방법에는 세 가지 유형이 있습니다. 전도conduction, 대류convection, 복사radiation입니다.

① 전도

물질을 이루는 분자들이 열을 받아 활발하게 운동하면서 전자나 옆에 있는 분자들과 충돌하면서 열을 전달하는 방식입니다.

예를 들어, 쇠젓가락의 한쪽 끝을 불에 달굴 때 불이 쇠젓가락을 가열하고 근처의 원자를 더 큰 진폭으로 진동시키면서 에너지를 반대쪽까지 전달합니다. 그래서 불에 달구어지지 않은 반대쪽을 잡더라도 손에서 뜨거움을 느낄 수 있는 것입니다.

② 대류

난로를 켜면 손을 난로에 직접 대지 않아도 주변에서 따뜻함을 느낍니다. 난로 위의 공기가 가열되어 팽창하면 밀도가 작아지고, 따라서 공기가 위로 상승합니다.

대류는 가열된 매질이 직접 이동하면서 에너지를 전달하는 방식입니다. 목욕물이 한쪽만 뜨거우면 손으로 물을 젓기도 하는데, 이것은 강제 대류에 해당합니다.

 복사

모든 물체는 분자들이 진동을 하며, 열진동에 의해 전자기파를 내보냅니다. 고막에서 나오는 전자기파의 한 종류인 적외선을 감지해서 온도를 측정하는 귀 체온계는 이와 같은 원리를 이용한 것입니다.

태양에서 나온 전자기파가 지구까지 에너지를 전달하는 것도 복사입니다.

보온병의 구조

보온병 속에 있는 열에너지를 바깥으로 나가지 못하게 하는 것이 보온병의 기본 원리입니다. 보온병의 내부를 간단하게 그려 보면 아래 그림과 같습니다.

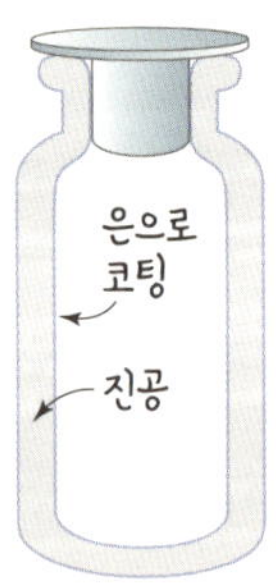

보온병 내부는 이중벽의 구조로 이루어져 있는데, 이중벽 사이는 진공 상태로 되어 있습니다. 이중벽 사이를 진공으로 만드는 이유는 전도와 대류로 전달되는 열에너지를 줄이기 위해서입니다. 예전에는 이중벽을 유리로 만들어 쉽게 깨졌지만 요즘은 스테인리스를 이용해 안전하게 진공 상태를 유지합니다.

내부를 도금 처리해서 보온·보랭력을 높였다는 보온병 광고를 자주 볼 수 있습니다. 도금을 하면 반사가 잘 되어서 따뜻한 물에서 나오는 전자기파 형태의 열을 반사시켜 열이 밖으로 빠져나가지 않게 할 수 있습니다.

눈높이 맞춤 학습법

유아나 **초등 저학년**인 경우 따뜻한 것은 계속 따뜻하게, 차가운 것은 계속 차갑게 유지할 수 있는 방법에 대해 이야기를 나누어 봅니다.

초등 고학년이면 보온병의 구조를 알려 줍니다.

중학생이라면 열의 전달 과정을 이해하고, 단열 방법에 적용하도록 이야기해 봅니다.

교과과정

— **초등 5학년** 열과 우리 생활
— **중등 1학년** 열(열의 전달)

크리스마스트리 불빛의 비밀

다가오는 크리스마스를 위해 미르와 크리스마스트리를 장식하기로 했어요. 트리에 예쁜 장식들을 달고, 마지막에 반짝이는 전구를 두른 다음 스위치를 켰어요.

"어? 여기 전구가 망가졌나 봐."

"그러게. 전구가 쭉 연결되어 있으면, 하나가 망가질 경우 다른 전구도 전부 불이 켜지지 않거든."

"그런데 망가진 이 전구 한 개는 불이 들어오지 않지만 다른 전구들은 전부 불이 켜져 있는데?"

"크리스마스트리에는 전구가 많이 달려 있는데 전구 한 개가 고장 났다고 다 버리는 건 아까우니까 전구 하나가 망가져도 괜찮은 장치가 달려 있는 전구를 사용한 거야."

여러 개의 전구가 달려 있는데 그중 한 개가 망가졌지만 나머지 전구들은 여전히 반짝이고 있습니다. 그 원리를 알아보도록 하겠습니다.

전구의 연결

① 직렬연결

100V의 전압에 같은 전구 10개를 직렬로 연결하면 각각의 전구에는 10V의 전압이 걸립니다. 만약 전구 하나의 연결이 끊어지면, 전류가 흐르지 않아 모든 전구에 불이 들어오지 않습니다. 그리고 끊어진 전구 양쪽에 전압이 100V 걸리고, 나머지 9개 전구의 전압은 0V입니다.

② 병렬연결

100V의 전압에 같은 전구 10개를 병렬로 연결하면 모든 전구에 100V의 전압이 걸리면서 아주 밝은 불빛을 냅니다. 전구 하나의 연결이 끊어져도 나머지 9개의 전구에는 여전히 100V의 전압이 걸리고 불이 들어옵니다.

③ 혼합연결

가장 많이 사용되는 크리스마스트리 꼬마전구를 간단하게 살펴보겠습니다.

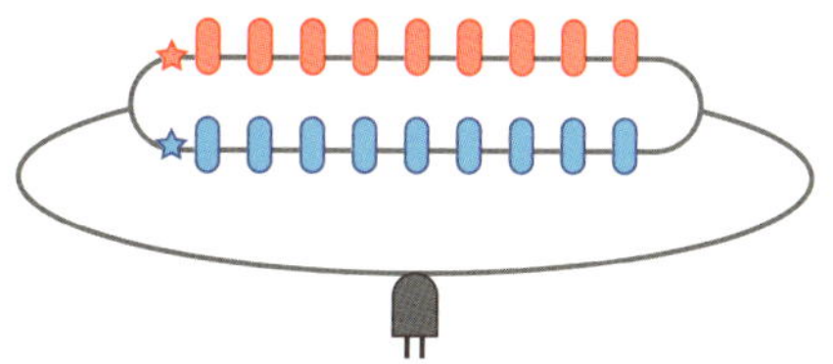

⬆ 간단하게 나타낸 크리스마스트리 전구의 구조

크리스마스트리의 전구들은 직렬연결과 병렬연결의 혼합 방식으로 연결되어 있습니다. 277쪽 그림 맨 윗줄의 빨간색 전구들과 그 아랫줄의 파란색 전구들은 각각 직렬로 연결되어 있습니다. 그리고 이렇게 직렬연결된 두 줄을 병렬로 연결하여 크리스마스트리에 장식합니다.

가장 간단한 구조는 별표 위치에 바이메탈을 달아 불을 끄고 켤 수 있게 한 것입니다. 요즘은 점점 밝아지는 디머dimmer 회로를 달거나 불을 다양하게 켜고 끌 수 있는 회로로 된 칩을 달기도 합니다. 이때 별표 부분은 해당 위치의 직렬로 된 부분을 조절합니다.

망가진 전구

파란색 전구 하나가 망가지면 선이 중간에 끊어진 것이므로 파란색 전구에는 모두 불이 들어오지 않습니다. 실제로는 전구가 하나 망가져도 나머지 불이 켜져 있는 크리스마스트리 전구가 있습니다. 그 원리를 간단하게 알아볼게요.

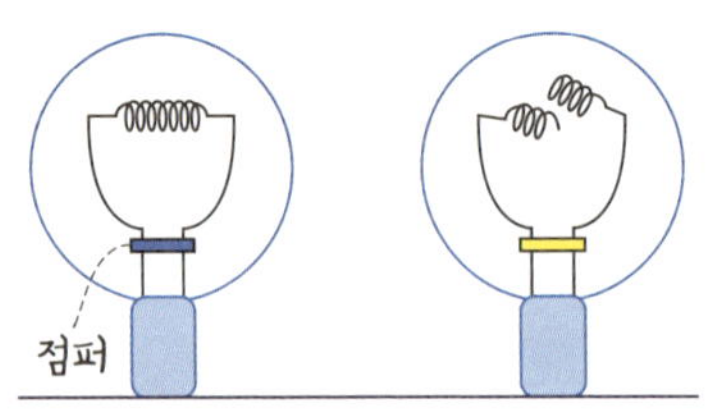

○ 온전한 꼬마전구(왼쪽)와 망가진 전구(오른쪽)

온전한 꼬마전구는 전선에 얇은 절연체(전기가 통하지 않는 물질)로 싸여 있는데, 이 절연체는 필라멘트 사이에 연결되어 있습니다(왼쪽 사진의 점퍼 부분). 절연체가 있기 때문에 전류는 필라멘트로만 흐르고 전구는 빛을 낼 수 있습니다.

필라멘트가 끊어지면 직렬연결에서 설명했듯이 전체 전압이 모두 점퍼 양쪽에 걸리게 됩니다. 전압이 높으면 방전이 일어나서 얇은 절연체가 타서 없어집니다. 전선을 싸고 있던 절연체가 없어졌기 때문에 전류가 전선을 따라 흐릅니다. 절연체가 없어진 전선은 전기저항이 큰 필라멘트와 달리 전기저항이 일반 전선처럼 아주 작습니다. 전압이 높으면 방전이 일어나는 것은 공기로 전기가 통하지 않지만 구름과 땅 사이의 전압이 높아지면 번개가 치는 것과 같은 원리입니다.

한 개나 두 개의 전구가 망가졌더라도 그냥 사용하시면 됩니다. 10개의 전구에 100V의 전압이 걸릴 때 전구가 모두 온전하다면, 각각의 전구에는 전압이 10V씩 걸립니다. 그러나 한 개가 없으면 나머지 전구는 전체 전압의 1/9인 11.1V, 두 개가 망기지면 남아 있는 전구는 전체 전압의 1/8인 12.5V로 점점 높은 전압이 걸립니다. 그러다 결국 꼬마전구가 견딜 수 있는 전압보다 커지면 전구들이 동시에 망가져 위험할 수 있습니다.

실제로는 열 개가 아닌 수십 개의 전구가 달려 있기 때문에 한두 개가 망가지면 그대로 사용하다가 여러 개가 망가질 때 새로 구입하면 됩니다.

유아나 초등 저학년인 경우 전구를 여러 개 연결하여 교대로 켜고 끄면 반짝이는 불빛을 즐길 수 있다는 것을 알려 줍니다.

초등 고학년이면 전구의 연결이 직렬연결인지, 병렬연결인지 선들을 보면서 이야기해 봅니다.

중학생이라면 직렬연결과 병렬연결에서 전류와 전압을 이해하고 다양한 방법의 연결을 생각해 봅니다.

📖 교과과정

— **초등 6학년** 전기의 이용(전기회로)
— **중등 2학년** 전기와 자기(저항의 연결)

오뚝이가 일어나는 이유는 무엇일까요?

미르가 학교에서 오뚝이를 만들어 왔어요.

"엄마, 오늘 학교에서 오뚝이를 만들었어. 이렇게 찰흙을 붙이면 오뚝이가 넘어지지 않는대."

"멋지게 잘 만들었구나. 찰흙은 왜 붙인 걸까?"

"그래야 넘어지지 않는다고 선생님께서 가르쳐 주셨어."

"아래쪽에 무거운 걸 붙이면 무게중심이 아래로 내려가서 잘 넘어지지 않아. 예전에는 물을 지고 나르는 사람들이 있었는데, 물동이를 무릎까지 낮추어서 지고 다녔어. 박물관에 가서 봤던 거 기억하지?"

"응, 엄마가 물지게라고 가르쳐 줬던 거 기억나."

무게중심

아주 오래 전 〈스펀지〉라는 텔레비전 프로그램이 있었습니다. 기억

나는 장면 중 하나는 숟가락을 포크에 끼워 고정한 뒤, 이쑤시개를
포크에 끼우고, 이 이쑤시개를 컵에 올리는 장면입니다. 저는 포크
두 개를 이용해서 직접 실험해 보았습니다.

　　두 포크의 질량중심이 이쑤시개 오른쪽 끝점이 지나가는 수직선
에 위치하면 쉽게 서 있을 겁니다. 여기서 질량중심(무게중심)이란
물체의 모든 질량이 한 점에 있는 것처럼 작용하는 점으로, 물체를
이루는 질량들의 평균 위치를 말합니다.

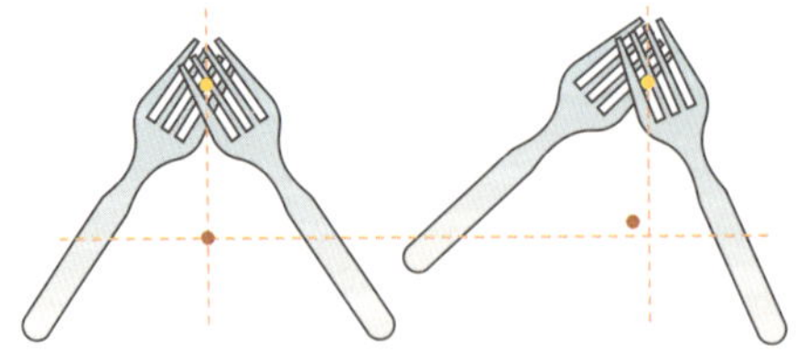

　　포크를 대략적으로 그려 보았습니다. 찍은 사진의 오른편에서
본 그림입니다. 왼쪽 그림은 포크 두 개를 잘 올려놓았을 때입니다.

포크 사이에 있는 노란색 점은 이쑤시개가 있는 부분이고, 주황색 동그라미는 두 포크의 무게중심입니다. 오른쪽 그림은 포크에 연결한 이쑤시개를 올려놓을 때 균형을 잘못 잡은 것입니다. 이쑤시개를 중심으로 조금 돌았습니다. 오른쪽 그림에서 보면 질량중심이 균형이 잘 잡혀 있을 때보다 더 높이 있습니다.

세워진 포크의 원리는 오뚝이가 일어서는 이유와 같습니다.

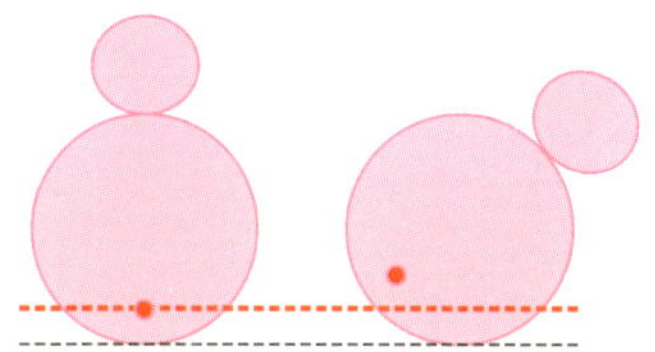

무게중심을 빨간 점으로 표시했습니다. 오뚝이는 아래에 무거운 것을 넣었기 때문에 무게중심이 아래에 있습니다. 물체는 중력을 받으면 아래로 내려가려고 합니다. 오뚝이가 넘어지면 무게중심이 원래보다 높아져 무게중심이 낮아지는 쪽으로 되돌아가려고 합니다.

아래쪽이 뾰족한 장난감을 손가락에 세워 보는 놀이로 오뚝이의 원리를 체험해 보겠습니다. 장난감 아래를 뾰족하게 만들어 손가락 위에 올리면 균형을 잡기가 어려워 금방 넘어지고 맙니다.

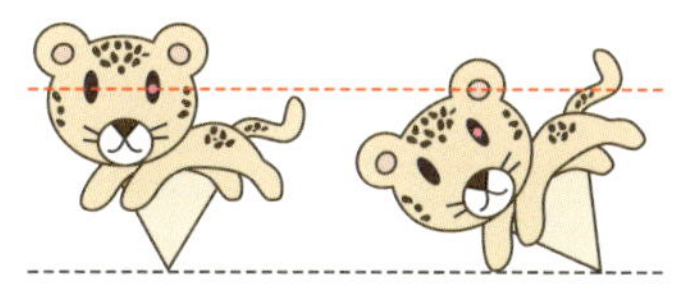

⬆ 무게중심이 바닥보다 높은 경우

이 장난감의 경우 무게중심은 눈 위치에 있으므로, 옆으로 넘어질 때 그림을 보면 무게중심이 원래보다 더 낮아집니다. 물체의 무게중심은 낮은 곳으로 가려고 하기 때문에 계속 넘어지는 것입니다.

그런데 장난감의 양 끝에 철사를 달고 철사 끝에 찰흙을 붙이면, 장난감 끝(검은 점선)을 손가락에 올려놓았을 때 흔들거리지만 넘어지지는 않습니다.

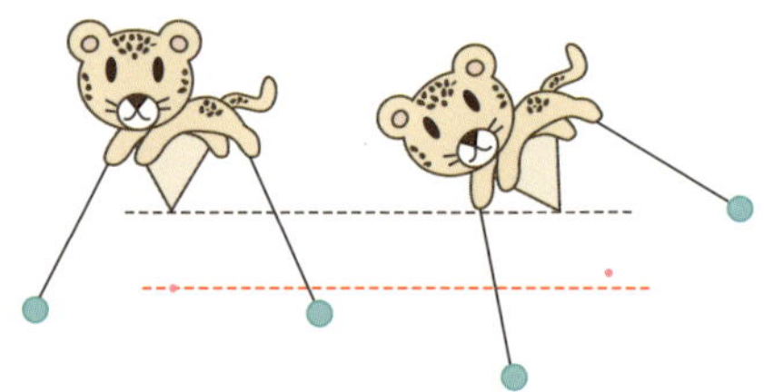

○ 무게중심이 낮은 경우

양쪽에 낮게 찰흙을 붙인 장난감의 무게중심은 손가락 위치(검은 점선)보다 낮은 위치에 있습니다. 장난감이 기울어지면 무게중심이 원래 위치(빨간 점선)보다 높아집니다. 무게중심이 더 낮아지기 위해서는 원래대로 되돌아가야 합니다.

눈높이 맞춤 학습법

유아나 초등 저학년인 경우 오뚝이나 종이인형으로 넘어지거나 되돌아오는 상황을 경험해 봅니다.

초등 고학년이면 무게중심을 이해하고 물체의 무게중심을 찾아봅니다.

중학생이라면 무게중심과 연관 지어 오뚝이가 일어나는 원리를 이해합니다.

외줄타는 광대가 긴 장대를 들고 있는 이유

텔레비전에서 외줄타기 하는 장면이 방송되고 있어요.

"엄마, 외줄 타는 저 할아버지는 긴 막대기를 들고 있는데 넘어지지도 않네."

"미르야, 저 긴 장대 덕분에 할아버지는 외줄 위에 더 잘 서 있을 수 있는 거야."

"긴 장대 때문에 서 있기 더 힘들 것 같았는데…."

"미르도 개울에서 돌다리 건널 때 팔을 벌리고 갈 때가 건너기 더 쉽지 않았어?"

"그런가?"

"엄마도 학교에서 배웠던 거 같은데 잘 생각이 안 나네. 나중에 미르가 배우면 엄마에게 알려 줘."

외줄타기의 원리

앞에서 무게중심을 낮추어 쉽게 중심을 잡는 방법을 알아보았습니다. 하지만 외줄을 타는 사람은 장대를 아래로 내리지 않고 장대를 들고 줄 위를 걷습니다. 무게중심이 줄보다 높은 위치에 있으므로 균형을 잡기 어렵습니다. 몸의 무게중심이 줄 바로 위에 있지 않으면 곧바로 넘어지게 됩니다.

외줄 위를 긴 막대를 들고 걸으면 균형 잡기가 더 힘들 것이라고 생각할 수 있지만, 이 막대가 바로 외줄타기의 비밀입니다. 그냥 외줄 위를 걸을 때는 몸이 계속 한쪽으로 치우쳐 쉽게 떨어지지만 긴 막대를 들고 걸으면 아무것도 없이 외줄 위를 걷다 떨어질 때보다 떨어지는 속력이 느려져서 균형을 잡기 쉬워집니다.

이러한 원리에 대해 중학교까지는 배우지 않지만, 요요를 비롯해 주변에서 볼 수 있는 재미있는 현상들이 많아 다루어 보도록 하겠습니다. 이 원리는 회전 관성이 커진 효과라고 할 수 있습니다. 관성은 운동 상태를 그대로 유지하려는 특성입니다. 즉, 외부에서 힘이 작용하지 않는 한 정지한 물체는 계속 정지해 있으려 하고, 운동하던 물체는 계속 움직이려 하는 성질을 말합니다.

그런데 외부에서 힘을 주면 운동 상태가 바뀝니다. 정지해 있던 두 물체에 같은 힘을 주면 질량이 작은 물체가 더 빨리 움직입니다. 이것은 질량이 직선 운동을 할 때의 관성입니다. 질량이 큰 물체는 운동 상태가 잘 변하지 않아 속력의 변화가 천천히 일어납니다.

회전하는 물체의 경우 회전 상태가 변하지 않게 하려는 성질이 바로 회전 관성입니다. 회전 관성이 크면 천천히 돌게 되면서 사람이 원래대로 균형을 잡기 쉽습니다. 장대가 없더라도 양팔을 벌리면 회전 관성이 커져서 팔을 붙이고 있을 때보다 균형을 잡기가 쉽습니다. 그렇다면 회전 관성을 크게 할 수 있는 방법에 대해 알아보겠습니다.

똑같은 나무바퀴 두 개와 질량은 같고 크기가 다른 두 개의 빨간 쇠판을 준비합니다. 둘 다 고리 모양이지만 하나는 두껍고 작은 동그라미 모양의 쇠판이고 하나는 얇고 큰 동그라미의 쇠판입니다.

왼쪽 바퀴에는 바퀴 안쪽에 작은 쇠판을 붙이고 오른쪽 바퀴에는 커다란 쇠판을 바깥 테두리에 붙입니다. 같은 바퀴에 같은 질량의 판을 붙였기 때문에 판을 붙인 뒤에도 두 바퀴의 질량은 같습니다. 그러나 각 바퀴 끝에 힘을 같은 위치에 주어 돌리면 오른쪽 바퀴의 회전 관성이 더 크기 때문에 왼쪽 바퀴보다 더 느리게 돕니다. 여기서 왼쪽과 오른쪽 바퀴의 차이는 회전축에 대한 질량의 분포일 뿐입니다.

회전축으로부터 질량들이 더 멀어질수록 회전 관성이 커집니다. 그래서 외부에서 같은 힘을 주어도 더 천천히 돌아갑니다.

이러한 원리는 피겨스케이팅에서도 볼 수 있습니다. 피겨스케이팅 선수들은 공중에서 빨리 회전을 해야 하기 때문에 회전 관성을 작게 만들어야 합니다. 그래서 피겨스케이팅 선수들은 공중회전 동작을 할 때 공중에서 팔을 오므려 회전하는 것입니다. 이 외에 바깥 테두리가 더 두꺼운 요요일수록 다루기가 더 쉬운데, 이는 회전 관성이 커서 속력이 천천히 바뀌기 때문입니다.

눈높이 맞춤 학습법

유아나 **초등 저학년**인 경우 돌다리를 건널 때 팔을 벌리면 건너기 쉽다는 것을 알려 줍니다.

초등 고학년이나 **중학생**이라면 오뚝이의 원리와 장대를 들고 외줄 타는 사람의 원리는 다르다는 것을 알려 줍니다.

 **교과과정**

— **고등 물리**　　강체의 회전

갈릴레오가 망원경의 배율을 확인한 방법

미르는 그동안 가지고 싶어 했던 망원경을 선물로 받았어요. 미르는 신이 나서 망원경의 포장을 이리저리 살펴봅니다.

"엄마, 배율이 뭐야?"

"그건 왜?"

"망원경 박스에 배율이라고 적혀 있어서."

"예를 들어, 원래 길이가 한 뼘인 물건을 망원경으로 봤을 때 세 뼘처럼 보인다고 해 보자. 그러면 세 배로 크게 보이는 거지? 이럴 때 배율은 3배가 되는 거야."

"진짜 이걸로 보면 작은 것도 커다랗게 보여?"

"망원경으로는 멀리 떨어져 있는 걸 크게 볼 수 있고, 현미경으로는 아주 작은 것도 크게 볼 수 있어."

"전에 과학관에서 양파 껍질을 관찰했던 거 기억나."

"그렇지, 현미경으로는 100배 이상 더 크게 볼 수 있어."

갈릴레이 망원경

갈릴레오가 망원경을 만들어 천체를 관측하기 시작했다는 것은 누구나 잘 알고 있습니다. 갈릴레오가 망원경의 배율이 20배라고 했더니 20배인지 어떻게 알 수 있냐고 묻자, 갈릴레오는 20배가 되는 것을 보여 주었습니다. 갈릴레오는 어떻게 한 것일까요?

전문 음악가이면서 수학자였던 갈릴레오의 아버지는 아들의 안정적인 미래를 위해 피사대학교 의과 대학에 갈릴레오를 진학시켰습니다. 여기서 오스틸리오 리치의 수학 강연에 매료된 갈릴레오는 수학 공부를 하게 됩니다. 이후 그는 대학교를 그만둔 뒤 수학 가정교사를 하다가 수학 실력을 인정받아 피사대학교의 수학 교수로 임명되었습니다.

이때는 지금과 달리 학문의 경계가 뚜렷하지 않아 갈릴레오는 수학 교수였지만 천문학에도 관심을 가졌습니다. 1604년 유럽 하늘에 초신성이 나타났다고 하는데, 티코 브라헤가 본 초신성과 다르다는 것을 알고서 갈릴레오는 천문학에도 관심을 가지게 된 겁니다.

4년 뒤 1608년, 갈릴레오는 네덜란드에서 두 개의 렌즈를 대롱에 끼워 멀리 있는 물체를 크게 볼 수 있는 물건을 만들었다는 소식을 듣고 직접 망원경을 만들게 됩니다. 아교로 나무판을 붙여 만든 대롱 양쪽 끝에 볼록렌즈 두 개를 연결해서 만든 망원경이었습니다.

갈릴레오는 망원경을 만들고 너무 기뻐 친구들을 불러 몇 날 며칠을 자랑했다고 합니다. 처음 만든 망원경은 배율이 3배 수준에 불과했습니다. 그러나 망원경의 성능을 끊임없이 개선해서 20배와 30배 배율의 망원경을 만들었습니다.

배율을 확인하는 방법은 무엇일까요? 먼저 벽에 동그라미를 그립니다. 그리고 이 동그라미보다 20배 큰 동그라미도 나란히 그립니다. 한쪽 눈은 망원경에 대고 작은 동그라미를 바라보고, 다른 한쪽 눈은 맨눈으로 20배 크게 그려진 동그라미를 같이 쳐다봅니다. 만약 망원경의 배율이 20배라면 두 눈으로 보는 동그라미의 크기가 같게 보일 겁니다.

갈릴레오는 자신이 쓴 『시데레우스 눈치우스Sidereus Nuncius』(별들의 소식)에서 망원경의 배율을 알 수 있는 방법을 기술했습니다. 갈릴레오의 업적은 한두 가지가 아니어서 교과서나 책에서 많이 다루고 있지만, 망원경의 배율을 측정한 방법도 재미있어서 소개해 드렸습니다.

오늘날과 같은 방법으로 배율을 계산하면 대물렌즈(망원경에서 물체에 가까운 쪽의 렌즈)의 초점거리를 대안렌즈(망원경에서 눈으로 보는 쪽의 렌즈)의 초점거리로 나누면 됩니다. 볼록렌즈는 평행한 빛을 한 점으로 모이게 하는 성질이 있는데, 렌즈로부터 이 점까지의 거리를 초점거리라고 합니다. 갈릴레오가 20배 배율로 만든 망원경은 초점거리가 900 mm인 볼록렌즈를 대물렌즈로 사용했고 초점거리가 50 mm인 볼록렌즈를 대안렌즈로 썼다고 하니 지금의 계산 방법으로 배율을 구하면 대략 18배가 됩니다. 그러고 보면 갈릴레오의 방법이 얼마나 정확했는지 알 수 있습니다.

유아나 초등 저학년인 경우, 볼록렌즈와 오목렌즈를 가지고 놀아 봅니다.

초등 고학년이면 렌즈에서 빛이 굴절하는 현상을 이해하도록 도와줍니다.

중학생이라면 빛을 광선으로 그려 굴절되는 모양을 이해하면 좋습니다.

📖 **교과과정**

— **초등 5학년** 빛의 성질
— **중등 2학년** 빛과 파동

알아두면 유용한
지식 한 스푼

베르누이의 정리

베르누이 정리는 고등학교 과정에서 배우기 때문에 중학교 3학년들이 배우는 에너지 보존 법칙에서 출발하겠습니다. 에너지 보존 법칙은 운동 에너지와 위치 에너지의 합이 일정하다는 것입니다.

운동 에너지 + 위치 에너지 = 일정

속력　　　　높이

떨어지는 돌멩이는 내려오면서 더 빨라집니다. 즉 높이가 낮아질수록 속력(빠르기)이 빨라진다고 말할 수 있습니다.

한 물체가 가지고 있는 에너지는 일정하므로 물체에 에너지를 준다면 물체의 에너지는 그만큼 더 늘어나게 됩니다. 물체에 준 에너지는 물체의 입장에서 받은 일이라고 생각할 수 있습니다.

운동 에너지 + 위치 에너지 = 받은 일

손으로 돌을 일정한 빠르기로 들어 올린다고 생각해 봅시다. 빠르기는 변하지 않았으나 높이는 높아졌으며, 그 높이는 돌이 손으로부터 받은 에너지만큼 높아진 것입니다. 돌이 받은 일은 물리적으로 돌이 음의 일을 했다고(−한 일) 할 수 있습니다. '받은 일=−한 일'로 바꾸고 왼쪽 항으로 이동시킵니다.

$$\boxed{한\ 일} + \boxed{운동\ 에너지} + \boxed{위치\ 에너지} = 일정$$

유체의 경우에는 모양이 정해져 있지 않기 때문에 질량보다 밀도로 말하는 것이 편리합니다. 밀도는 $1\ m^3$인 부피인 물체의 질량을 말합니다.

위의 식에서 부피를 나누면 $1\ m^3$에 해당하는 에너지가 됩니다.

$$\boxed{압력} + \boxed{운동\ 에너지} + \boxed{위치\ 에너지} = 일정$$

$$\boxed{압력} \quad \boxed{속력} \quad \boxed{높이}$$

베르누이 정리입니다. 이때의 운동 에너지와 위치 에너지는 총 질량이 아니라, $1\ m^3$인 부피의 질량, 즉 밀도에 대한 양입니다.

지면에서 높이가 크게 변하지 않는 경우, 위치 에너지는 크게 변하지 않아서 일정하다고 생각해도 됩니다. 그럼 위치 에너지도 일정하기 때문에 압력과 운동 에너지의 합이 일정해집니다.

$$\boxed{압력} + \boxed{운동\ 에너지} = 일정$$

$$\boxed{압력} \quad \boxed{속력}$$

유체가 빨라지면 압력이 낮아지는데, 이를 마그누스 현상이라고도 합니다.

압력과 대기압

특별히 과학이 아니더라도 압력은 일상생활에서도 자주 접할 수 있습니다. 날씨 뉴스에서도 '기압', 즉 공기의 압력이라는 표현을 사용하고, 병원에서 측정하는 혈압도 압력입니다. 음압 병실도 압력이 이용됩니다.

토리첼리는 기압에 관한 많은 연구를 했습니다. 기압의 단위인 토르Torr는 토리첼리의 이름을 딴 것입니다.

압력이란?

면에 수직으로 작용하는 힘을 면적으로 나눈 값을 압력이라고 합니다. 단위는 [힘/면적]=[N/m^2]입니다. 힘은 크기와 방향을 가지는 양이지만 압력은 크기만 있는 양입니다. 파스칼의 이름을 따서 $1Pa=1N/m^2$을 기본 단위로 사용합니다. 처음 설명에서도 언급했듯이 워낙 우리 가까이에 있는 개념이라 아주 오래전부터 사용해 왔기 때문에 다양한 단위를 함께 사용하고 있습니다.

$$1\text{기압} = 101{,}325 \text{ Pa} = 760 \text{ mmHg} = 0.98 \text{ kgf/cm}^2$$

① 절대 압력

지구에서 공기가 지표면을 누르고 있는 힘을 면적으로 나눈 값을 대기압이라고 하며, 그 크기는 760 mmHg입니다. 만약 공기가 하나도 없다면, 즉 진공일 때의 압력은 0입니다.

② 게이지 압력

우리는 대기 중에 살고 있기 때문에 가장 편한 압력이 대기압으로, 대기압은 1기압(1 atm)입니다. 1기압보다 조금만 높거나 낮을 때 우리 몸은 민감하게 반응합니다.

혈압을 측정할 때도 게이지 압력으로 표현합니다. '혈압이 120이다'라고 하는 것은 대기압보다 120 mmHg 더 높아서 절대 압력으로 보면 880 mmHg인 것입니다.

$$\text{절대 압력} = \text{대기압} + \text{게이지 압력}$$

대기압

대기압은 지구 둘레의 공기 무게를 지구의 면적으로 나눈 것입니다. 대기는 지표면으로부터 5.6 km까지는 50%의 공기가 있고, 30 km까지는 약 99%의 공기가 있습니다.

지금부터 사용하는 기둥은 편의상 모두 같은 면적의 기둥이라고 생각하겠습니다. 대략 생각해 보면 수십 km의 공기기둥, 10 m 높이의 물기둥, 760 mm 높이의 수은기둥의 무게가 같다는 의미입니다.

물의 밀도는 $1g/m^3$이고 수은의 밀도는 $13.6g/m^3$입니다. 단면적이 같은 수은기둥과 물기둥의 무게가 같다면, 물기둥의 높이는 수은 기둥의 13.6배가 됩니다.

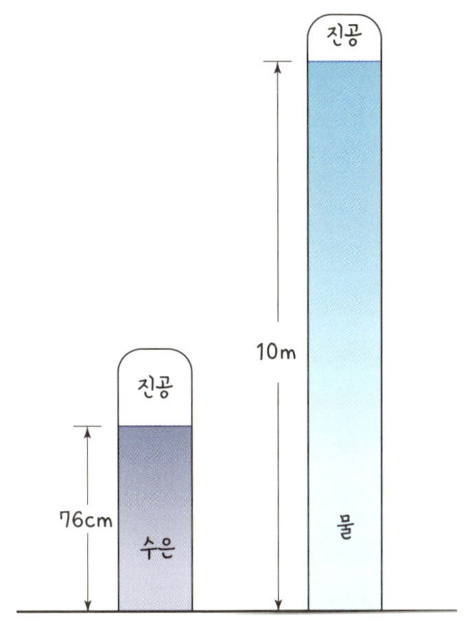

○ 수은기둥과 물기둥

수은기둥보다 13.6배 긴 물기둥이 같은 무게로 바닥을 누르기 때문에 두 기둥 아래 바닥의 압력은 같습니다. 높이가 1 mm인 수은기둥의 압력을 1 mmHg라고 하고 1 Torr라고도 부릅니다.

지구의 공기는 지표면에 가까울수록 빽빽하기 때문에 밀도가 일정하지 않아서 계산하기 어렵습니다.

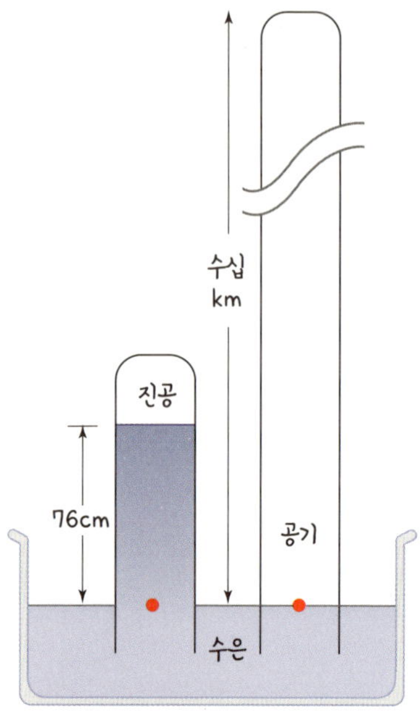

○ 수은기둥과 공기기둥

　단면적이 같은 공기기둥과 수은기둥의 무게가 같다면 빨간 두 점의 압력은 같습니다. 공기기둥은 주변 공기와 같기 때문에 기둥을 표시한 관을 빼면 우리가 느끼는 대기압이 됩니다.

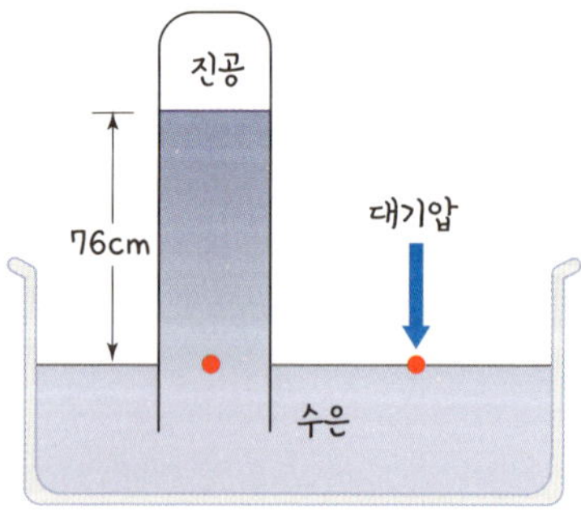

○ 대기압과 수은기둥

빨간색 점 두 개의 위치에서 압력이 같고 대기압은 수은기둥 760mm 아래의 빨간색 점에서의 압력이라는 것을 알 수 있습니다.

아르키메데스의 원리

부력은 왜 생길까?

부력이 생기는 원인은 바로 앞에서 살펴본 액체의 압력에서 알 수 있습니다. 부력은 물체를 둘러싸고 있는 주변의 액체나 기체가 중력을 받아 아래로 누르는 힘과 아래쪽에서 받치는 힘과의 차이에서 생깁니다. 아래에서 받치는 힘이 더 크기 때문에 액체가 물체를 위로 밀어 올리는 힘이 작용하게 됩니다. 압력 차이를 계산하기에는 조금 어렵기 때문에 직관적으로 부력의 크기를 알아보겠습니다.

부력의 크기는 얼마일까?

일상에서 부력의 크기를 알아야 할 경우가 많이 있습니다.

부력은 물체가 밀어낸 물의 무게만큼 위로 작용한다.

아르키메데스의 원리라고 알고 있는 부력을 막연하게 외우는 학

생들이 많습니다. 왜 그런지 원리를 이해하고 나면 부력에 관련된
실험을 확실하게 실행할 수 있게 됩니다.

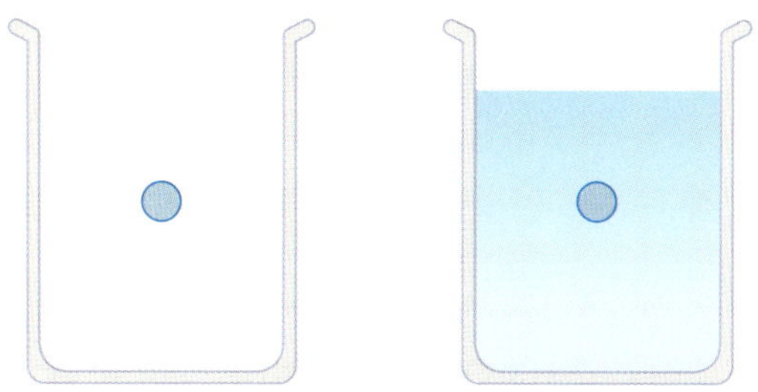

○ 공중에 떠 있는 물방울(왼쪽)과 물속에 있는 물방울(오른쪽)

　부력의 원인이 주변의 물이라는 것을 알기 위해 물방울 한 개가
공중에 놓여 있다고 생각해 보겠습니다. 물방울은 그림에서 동그라
미로 표현했습니다. 공중에 있는 물방울은 금세 아래로 떨어진다는
것을 알 수 있습니다(왼쪽). 반면 물속에 물방울을 넣었다고 했을 때
물방울은 계속 그대로 있을 겁니다(오른쪽).

물속에 정지한 물방울은 왜 그대로 있을까요?

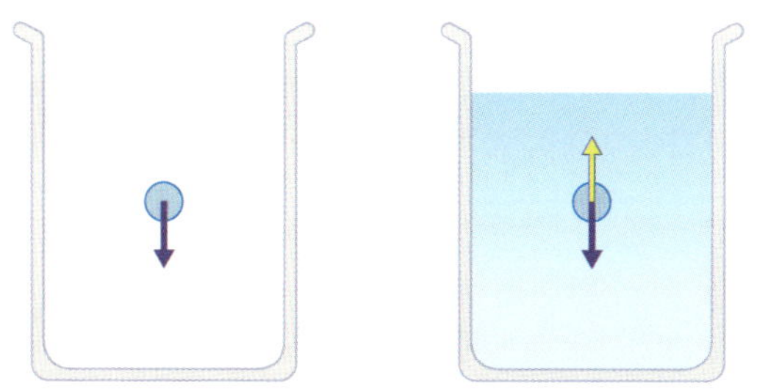

○ 공중에 떠 있는 물방울(왼쪽)과 물속에 있는 물방울(오른쪽)에
　작용하고 있는 힘들

두 물방울은 모두 질량을 가지고 있기 때문에 지구가 아래로 당기는 중력(보라색 화살표)이 있습니다. 공중에 있는 물방울에는 중력만 작용하고 있으므로 아래로 점점 속력이 빨라집니다. 물속에 정지한 물방울 또한 중력이 작용하고 있지만 계속 가만히 있는 이유는 물방울에 작용하는 알짜 힘이 없기 때문입니다. 하지만 물방울에도 질량이 있으므로 무게(mg)만큼의 중력이 작용하고 있다는 것을 알고 있습니다. 만약 같은 크기의 힘이 반대 방향으로 작용하고 있다면 총 힘의 합이 0이 되어 힘이 없는 것과 같아집니다.

이는 물방울을 제외한 다른 물이 물방울을 밀어 올리고 있기 때문으로, 이때 물의 중력과 같은 크기의 부력이 작용한다고 생각할 수 있습니다.

부력은 물방울의 무게(mg)만큼 작용한다.

쇳덩이는 왜 가라앉을까?

이번에는 물방울과 모양과 크기가 같은 쇳덩이를 물방울이 있던 자리에 넣었다고 생각해 보겠습니다.

부력(노란색 화살표)은 주변의 물이 물체를 밀어 올려서 생기는 힘이므로, 물방울과 모양과 크기가 같은 다른 물체가 들어가더라도 동일한 크기의 힘으로 밀어 올립니다. 쇳덩이는 물방울과 같은 크기라면 밀도가 더 커서 질량도 크므로 중력이 더 커집니다. 쇳덩이

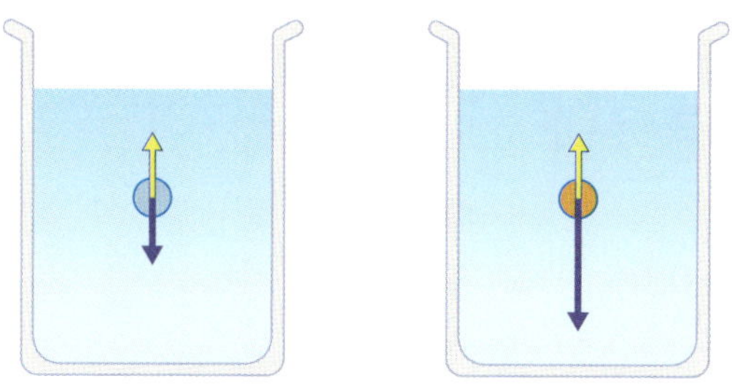

에 작용하는 중력이 물방울보다 크기 때문에 부력(노란색 화살표)보다 중력(보라색 화살표)이 더 큰데, 이 두 힘의 차이만큼 아래로 작용하는 알짜 힘이 있고 이로 인해 아래로 가라앉게 됩니다.

물속에서는 원래 쇳덩이의 무게보다 부력만큼 가벼워집니다. 그래서 용수철저울로 물속에 있는 쇳덩이의 무게를 측정하면 공기 중에서 측정한 쇳덩이의 무게에서 부력을 뺀 만큼의 힘이 표시됩니다. 같은 방법으로 생각하면 쇳덩이 대신 가벼운 고무를 넣으면 반대로 떠오릅니다.

주변 액체보다 밀도가 크면 가라앉고 주변 액체보다 밀도가 작으면 떠오른다.

밀도와 질량, 열전도도와 열전도율, 비열과 열용량

밀도는 부피가 1m³인 물체의 질량으로, 물질의 성질입니다. 우리는 솜보다는 쇠가 더 무거울 거라 생각하는데, 이는 질량이 아닌 밀도의 개념을 가지고 있는 것입니다. 흔히 '솜 1kg과 쇠 1kg 중 무엇이 더 무거운가?'하는 질문을 하곤 합니다. 둘 다 질량은 같지만 밀도가 달라서 생기는 혼동입니다.

이와 마찬가지로 비열과 열전도도 또한 물질의 성질을 나타냅니다. 비열은 1g인 물질의 온도를 1℃ 높이는 데 필요한 열이고, 열전도도는 폭이 1m인 물체의 양쪽 온도 차이가 1℃일 때, 1초 동안 전달되는 열입니다.

'비열이 크다, 비열이 작다'라는 개념은 예를 들면, 같은 양의 물과 쇠가 뜨거워지는 정도를 표시한 것입니다. 이때 물은 비열이 크기 때문에 온도가 변하기 더 어렵습니다. 다시 말하면 비열이 크면 데우기도 어렵고 잘 식지도 않는다고 생각하면 됩니다. 열용량은 비열에 질량을 곱한 값으로 실제 물체를 온도 1℃ 높이는 데 필요한 열입니다. 뜨거운 물을 욕조에 받아두고 물을 한 컵 따로 담아놓

으면 컵 속의 물이 빨리 식습니다. 같은 물이라도 양이 많을수록 온
도 변화가 적다는 의미입니다. 비열은 물질의 성질이고 실제 온도
변화는 열용량에 따라 결정됩니다.

비열	(J/kg·K)	(cal/g·°C)
알루미늄	900	0.215
철	448	0.107
대리석	860	0.205
나무	1,700	0.406
무쇠	460	0.109
스테인리스	500	0.119
물(15°C)	4,186	1

열전도도가 크다면 열을 잘 전달하는 재료라고 생각할 수 있습
니다. 쇠가 나무보다 열을 더 잘 전달하는 재료인지 알 수 있는 성
질이 열전도도입니다. 열전도율은 1초 동안 전달되는 열이기 때문

열전도도(W/m·K)	
은	412
구리	317
알루미늄	195
철	79
스테인리스	16~40
유리	0.8
목재	0.1
콘크리트	1.6
공기	0.03
물	0.6

에 구체적인 모양과 부피를 가지는 물체 사이에서 열을 전달하는 정도이므로, 양쪽의 두께나 온도 차이에 따라서도 달라집니다. 생활에서 실제로 열이 얼마나 잘 전달되는지는 재료에 의해서만 결정되는 것이 아니라 두께와 양쪽의 온도 차이에 의해서도 달라집니다. 실제로 1mm 두께의 나무가 1m 두께의 쇠보다 열을 더 잘 전달할 수도 있습니다. 이것이 열전도율입니다.

전자기 유도

1831년 페러데이는 전류가 흐르지 않는 닫힌회로 주변에서 자석을 움직이면 전류가 흐르는 것을 발견하게 됩니다. 자석은 자기장을 만듭니다. 닫힌회로를 통과하는 자기장이 시간에 따라 변화가 커질수록 전류가 많이 흐르는 현상을 전자기 유도 현상이라고 합니다.

과속 단속기, 하이패스 및 버스 카드와 같이 생활에서 뗄 수 없는 기기들이 페러데이 법칙을 기반으로 작동하고 있습니다.

전류가 만드는 자기장

외르스테드는 전류가 흐르는 곳 근처에 있는 나침반이 움직이는 것을 보면서 전류가 흐르면 자석과 같은 성질이 된다는 것을 알게 됩니다. 아이들과 못에 전선을 감은 다음, 건전지를 연결해서 못이 자석이 되는 전자석을 만들어보면 이 원리를 잘 이해할 수 있습니다.

전류가 흐르지 않는 고리에 자석을 가까이에서 움직이면 자석의 움직임을 방해하려는 방향으로 전류가 흐르게 됩니다.

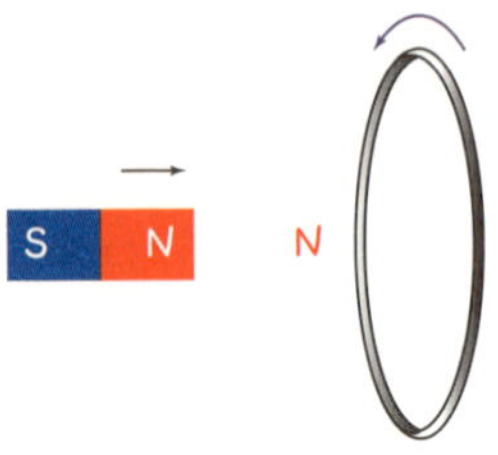

전류가 흐르지 않는 고리에 자석의 N극이 다가오면 고리에도 전류가 흐르게 됩니다. 이때 자석의 N극과 가까운 쪽에 N극이 형성되면서 다가오는 자석을 밀어냅니다. 만약 위의 고리에 S극이 생기도록 전류가 흐른다면 고리가 자석을 당겨 자석이 더 빨라지게 됩니다. 그럴 경우 에너지가 무한히 더 커지는 말도 안 되는 상황이 생기기 때문에, 자석을 밀어내는 방향으로 고리에 전류가 생기게 됩니다. 이러한 현상을 전자기 유도 현상이라고 합니다.

자석을 움직이지 않은 채 자기장이 통과하는 전선의 면적을 바꾸어도 유도 전류를 만들 수 있습니다. 자기장이 통과하는 면적을 바꾸기 위해 전선을 돌리는 방법을 사용하기도 합니다.

빛의 편광과 액정

빛의 편광

빛은 진행하는 방향의 수직 방향으로 전기장이 진동하면서 에너지를 전달합니다. 자연의 빛은 여러 방향으로 진동하는 전기장으로 이루어져 있습니다. 이때 빛이 편광판을 통과하게 되면 한 방향으로만 진동하는 전기장의 빛만 남게 됩니다.

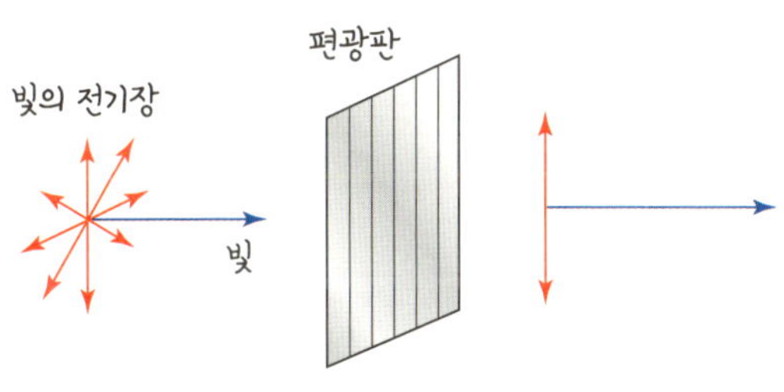

🔼 편광판을 통과한 빛

편광판을 통과한 빛의 전기장은 한 방향으로만 진동을 합니다. 여기에 편광축이 같은 방향인 편광판을 하나 더 놓으면 그대로 빛이 통과합니다.

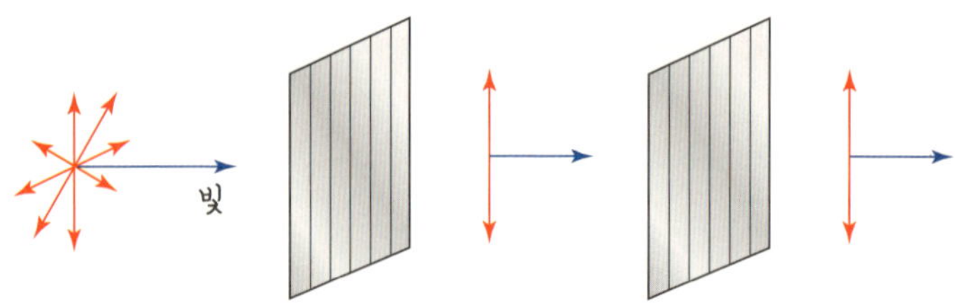

○ 편광축이 평행한 두 편광판을 지나면서 통과하는 빛

하지만 두 편광판의 편광축 방향이 서로 수직일 때, 첫 번째 편광판을 통과한 빛은 두 번째 편광판을 통과하지 못합니다.

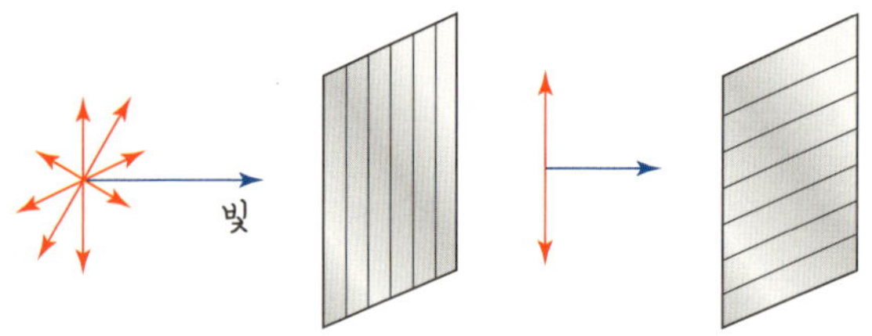

○ 편광축이 서로 수직으로 놓여 있을 때 두 번째 편광판을 통과하지 못하는 빛

액정의 원리

액정은 분자들이 액체처럼 움직일 수 있으면서 고체처럼 정렬된 방향을 가질 수 있는 특별한 물질입니다. 전압이 걸리지 않은 상태에서는 꼬여 있는 모양으로 배열되어 있습니다. 전기장의 방향은 액정의 방향에 따라 바뀝니다. 그래서 편광된 빛을 통과시키면 빛의 편광 방향을 90° 회전시킵니다.

전원을 공급하면 액정의 배열이 바뀌어 나란하게 정렬되는 성질

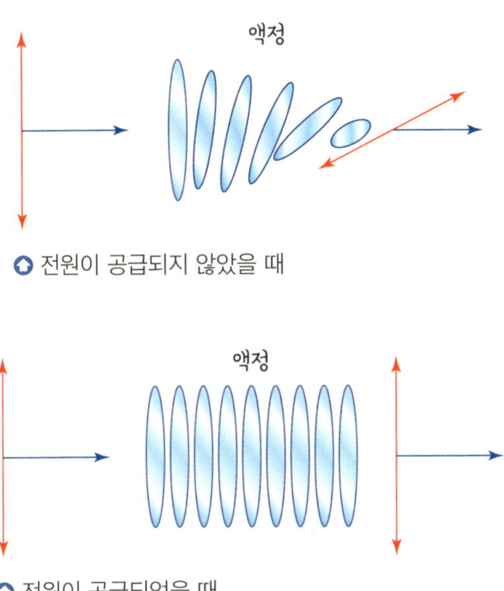

이 있습니다. 따라서 편광된 빛의 방향이 변하지 않으므로, 두 편광
판을 나란하게 배열하면 빛이 통과하게 됩니다.

빛의 굴절 자료와 결과

보통 교과서나 참고서에 수록된 빛의 굴절에 관한 그림은 물속의 물체가 떠 보이는 사실만 학생들에게 간단하게 알려 주기 위한 것으로 실제와는 조금 다릅니다.

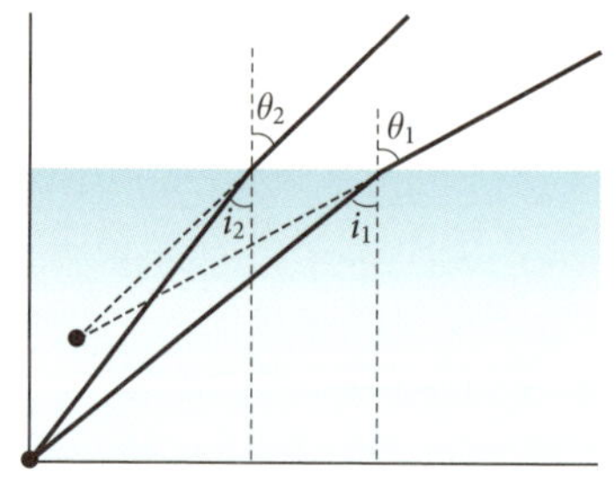

○ 물속 물체의 상(참고: A. Nassar, Phys. Teach. **32**, 526(1994))

한 점에서 나온 두 개의 광선은 한 사람의 눈에 도착하지 않습니다. 나사르Nassar는 논문에서 두 개의 광선을 굴절공식에 따라 그렸습니다. 그리고 두 광선이 아주 가까워서 한 개의 광선처럼 되도록 로피탈의 정리($i_2 \rightarrow i_1$)를 사용해서 물체의 한 점이 굴절되어 생긴 상의 위치를 계산했습니다. 이 결과를 참고해서 그린 그림입니다.

동전의 한 점이 실제 위치에서 바로 위에 올라와 있는 것처럼 보이는 것이 아니라 눈 쪽으로 이동한 것을 볼 수 있습니다.

또 다른 학생지도에 관한 논문에서는 어느 부분까지 수업 내용에서 다루어야 할지, 수업하는 선생님들의 고민을 볼 수 있습니다. 서울대학교 과학교육연구소에 펴낸 이성묵 교수의 탐구수업 지도 자료에 따르면 대부분의 참고서에서는 (1)과 같이 그리고 있습니다. 수업 시간에 (2)의 경우를 강조할 필요는 없지만 질문하는 학생이 있을 경우 광선 추적법을 이용해서 정확하게 답해줄 것을 제안하고 있습니다.

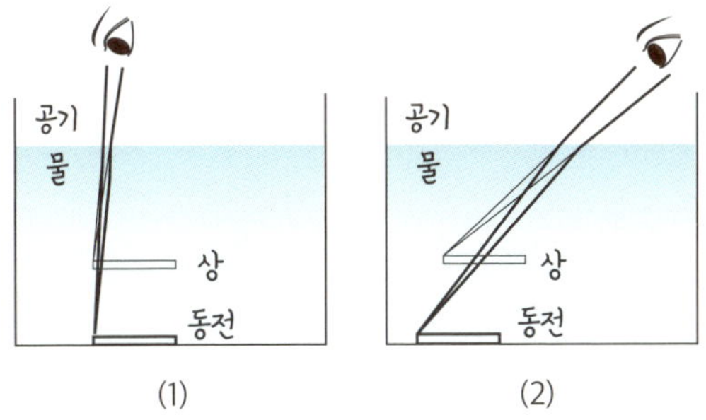

하지만 (2)의 그림도 완전하지는 않습니다. The Physics Teacher 의 논문에 따라 물체의 각 점을 그려 보면 아래 그림과 같은 결과를 얻을 수 있습니다.

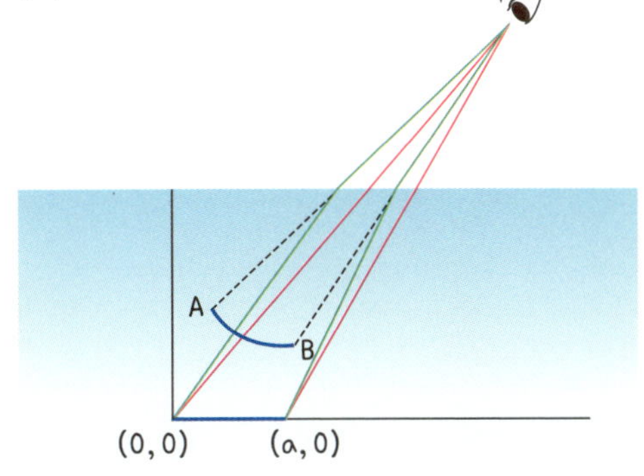

같은 물체라도 가까이 있으면 커 보이는 이유는 눈에 들어오는 물체의 각이 크면 크다고 느끼기 때문입니다. 물이 없을 경우 바닥의 동전을 볼 때 눈에서 느끼는 각은 빨간색 선 사이의 각입니다. 그러나 물이 있으면 굴절하기 때문에 AB라고 보이는 휘어진 더 작은 그림을 보는 것 같습니다. 크기는 더 작지만 상이 가까이 생기기 때문에 초록색 선 사이의 각이 빨간색 선 사이의 각보다 큽니다. 따라서 동전이 더 크게 보이는 것입니다.

엄마의 과학

우리 아이를 위한 최소한의 지식

초판 인쇄 | 2025년 07월 15일
초판 발행 | 2025년 07월 20일

지은이 | 이연주
펴낸이 | 조승식
펴낸곳 | (주)도서출판 북스힐
등록 | 1998년 7월 28일 제22-457호
주소 | 서울시 강북구 한천로 153길 17
전화 | 02-994-0071
팩스 | 02-994-0073
인스타그램 | @bookshill_official
블로그 | blog.naver.com/booksgogo
이메일 | bookshill@bookshill.com

정가 18,000원
ISBN 979-11-5971-684-3

*잘못된 책은 구입하신 서점에서 교환해 드립니다.